「好程序员成长」丛书

U0127589

Node.js Web

全栈开发实战

千锋教育高教产品研发部◎编著

清华大学出版社

北京

内 容 简 介

本书主要介绍了 Node.js 在 Web 全栈开发领域的应用实践,分别从 Node.js 基础语法、模块化、服务器搭建、Express 框架等方面由浅入深地进行讲解。在企业级应用开发方面也有着重讲解,例如 MongoDB 数据库的操作、Ajax 异步请求与同源策略、Node.js 会话跟踪技术的应用、Node.js 爬虫程序的实现等。

在企业开发中,Node.js 的应用越来越广泛。像 Yahoo、Microsoft 等公司的很多应用都已经迁移到 Node.js 了,国内的阿里巴巴、网易、腾讯、新浪、百度等公司的很多线上产品也纷纷改用 Node.js 开发,并取得了很好的效果。

本书从基础入门到项目实战,为读者逐步揭开 Node.js 的神秘面纱,帮助读者更好地理解、学习 Node.js,并能够使用 Node.js 开发出优秀的 Web 应用。无论读者是一个前端开发的新手,还是一个编程高手,这本书都值得去认真阅读。

图书在版编目(CIP)数据

Node.js Web 全栈开发实战/千锋教育高教产品研发部编著. —北京:清华大学出版社,2022.5
("好程序员成长"丛书)
ISBN 978-7-302-59534-2

Ⅰ.①N… Ⅱ.①千… Ⅲ.①网页制作工具-JAVA 语言-程序设计 Ⅳ.①TP393.092.2
②TP312.8

中国版本图书馆 CIP 数据核字(2021)第 231303 号

责任编辑:黄 芝 薛 阳
封面设计:刘 键
责任校对:郝美丽
责任印制:宋 林

出版发行:清华大学出版社
  网　　址:http://www.tup.com.cn,http://www.wqbook.com
  地　　址:北京清华大学学研大厦 A 座　　邮　　编:100084
  社 总 机:010-83470000　　　　　　　　邮　　购:010-62786544
  投稿与读者服务:010-62776969,c-service@tup.tsinghua.edu.cn
  质量反馈:010-62772015,zhiliang@tup.tsinghua.edu.cn
  课件下载:http://www.tup.com.cn,010-83470236

印 装 者:三河市君旺印务有限公司
经　　销:全国新华书店
开　　本:185mm×260mm　　印　　张:13.25　　　　字　　数:324 千字
版　　次:2022 年 6 月第 1 版　　　　　　　印　　次:2022 年 6 月第 1 次印刷
印　　数:1～2500
定　　价:59.00 元

产品编号:092518-01

本书编委会

主　任：王蓝浠　　陆荣涛

副主任：潘　亚

委　员：卜秀运　　彭晓宁　　印　东　　邵　斌

　　　　王琦晖　　贾世祥　　唐新亭　　慈艳柯

　　　　朱丽娟　　叶培顺　　杨　斐　　任条娟

　　　　舒振宇　　曹学飞　　朱云雷　　杨亚芳

　　　　张志斌　　赵晨飞　　张　举　　耿海军

　　　　吴　勇　　刘丽华　　米晓萍　　杨建英

　　　　王金勇　　白茹意　　刘化波　　苏　进

　　　　胡凤珠　　张慧凤　　张国有　　王　兴

　　　　李　凯　　王　晓　　刘春霞　　寇光杰

　　　　李阿丽　　崔光海　　刘学锋　　邱相艳

　　　　张玉玲　　谢艳辉　　王丽丽　　赛耀樟

　　　　杨　亮　　张淑宁　　李洪波　　潘　辉

　　　　李凌云　　徐明铭　　张振兴　　孙　浩

　　　　李亦昊

团

北京千锋互联科技有限公司(以下简称"千锋教育")成立于 2011 年 1 月,立足于职业教育培训领域,公司现有教育培训、高校服务、企业服务三大业务板块。教育培训业务分为大学生技能培训和职后技能培训;高校服务业务主要提供校企合作全解决方案与定制服务;企业服务业务主要为企业提供专业化综合服务。公司总部位于北京,目前已在 18 个城市成立分公司,现有教研讲师团队 300 余人。公司目前已与国内 2 万余家 IT 相关企业建立人才输送合作关系,每年培养"泛 IT"人才近 2 万人,10 年间累计培养 10 余万"泛 IT"人才,累计向互联网输出免费学习视频 850 套以上,累积播放次数 9500 万以上。每年有数百万名学员接受千锋教育组织的技术研讨会、技术培训课、网络公开课及免费学科视频等服务。

千锋教育自成立以来一直秉承初心至善、匠心育人的工匠精神,打造学科课程体系和课程内容,高教产品部认真研读国家教育政策,在"三教改革"和公司的战略指导下,集公司优质资源编写高校教材,目前已经出版新一代 IT 技术教材 50 余种,积极参与高校的专业共建、课程改革项目,将优质资源输送到高校。

高校服务

"锋云智慧"教辅平台(www.fengyunedu.cn)是千锋教育专为中国高校打造的智慧学习云平台依托千锋先进的教学资源与服务团队,可为高校师生提供全方位教辅服务,助力学科和专业建设。平台包括视频教程、原创教材、教辅平台、精品课、锋云录等专题栏目,为高校输送教材配套的课程视频、教学素材、教学案例、考试系统等教学辅助资源和工具,并为教师提供其他增值服务。

"锋云智慧"服务 QQ 群

读者服务

学 IT 有疑问,就找"千问千知",这是一个有问必答的 IT 社区,平台上的专业答疑辅导老师承诺在工作时间 3 小时内答复您学习 IT 时遇到的专业问题。读者也可以通过扫描下方的二维码,关注"千问千知"微信公众号,浏览其他学习者分享的问题和收获。

"千问千知"微信公众号

资源获取

本书配套资源可添加小千的 QQ 2133320438 或扫下方二维码索取。

小千的 QQ

前 言

如今,科学技术与信息技术快速发展和社会生产力变革对 IT 行业从业者提出了新的需求,从业者不仅要具备专业技术能力,更要具备业务实践能力和健全的职业素质,复合型技术技能人才更受企业青睐。高校毕业生求职面临的第一道门槛就是技能与经验,教科书也应紧随新一代信息技术和新职业要求的变化及时更新。

本书倡导快乐学习、实战就业,在语言描述上力求准确、通俗易懂。本书针对重要知识点精心挑选案例,将理论与技能深度融合,促进隐性知识与显性知识的转化。案例讲解包含设计思路、运行效果、实现思路、代码实现、技能技巧详解等。本书引入企业项目案例,从动手实践的角度,帮助读者逐步掌握前沿技术,为高质量就业赋能。

在章节编排上循序渐进,在语法阐述中尽量避免使用生硬的术语和枯燥的公式,从项目开发的实际需求入手,将理论知识与实际应用相结合,促进学习和成长,快速积累项目开发经验,从而在职场中拥有较高起点。

本书特点

本书主要讲解 Node.js 在 Web 全栈开发领域的应用实践方法,分别从 Node.js 基础语法、模块化、服务器搭建、Express 框架等方面由浅入深地进行讲解。在企业级应用开发方面也有着重地讲解,例如 MongoDB 数据库的操作、Ajax 异步请求与同源策略、Node.js 会话跟踪技术的应用、Node.js 爬虫程序的实现等。

阅读本书您将学习到以下内容。

第 1 章:Node.js 简介、运行环境搭建,以及 NPM 依赖管理工具。

第 2 章:用 Node.js 快速上手编写第一个程序,模块化开发。

第 3 章:掌握异步 I/O 的概念,了解 Node.js 的异步 I/O 中的事件循环、观察者模式、请求对象、执行回调,以及非 I/O 的异步 API。

第 4 章:了解 Node.js 中处理流数据的抽象接口,操作文件的方法。

第 5 章:掌握 Node.js Web 服务器开发的基本方法。

第 6 章:了解 Express 框架的安装与配置方法,中间件和 MVC。

第 7 章:了解网站中的静态资源并学习搭建静态资源服务器。

第 8 章:了解 Handlebars 模板引擎及其使用方法。

第 9 章:了解 MongoDB 数据库的基本概念、环境搭建方法及 mongoose 模块。

第 10 章:掌握 Ajax 的工作原理、实现步骤,以及浏览器同源策略。

第 11 章:了解会话跟踪的概念并尝试跟踪 Express 中的会话。

第 12 章:通过 Node.js 实现网络爬虫。

第 13 章:构建 TCP 服务、UDP 服务、HTTP 服务、WebSocket 服务。

第 14 章：综合本书知识进行项目实战——Express 开发投票管理系统。

通过学习本书，读者可以较为系统地掌握 Node.js 在 Web 全栈开发的主要知识、操作方法并进行实践。本书从基础入门到项目实战，逐步揭开 Node.js 的神秘面纱，使读者更好地理解和学习 Node.js，并能够使用 Node.js 开发出优秀的 Web 应用。

致谢

本书的编写和整理工作由北京千锋互联科技有限公司高教产品部完成，其中主要的参与人员有吕春林、徐子惠、潘亚等。除此之外，千锋教育的 500 多名学员参与了教材的试读工作，他们站在初学者的角度对教材提出了许多宝贵的修改意见，在此一并表示衷心的感谢。

意见反馈

在本书的编写过程中，作者虽然力求完美，但难免有一些疏漏与不足之处，欢迎各界专家和读者朋友们提出宝贵意见，联系方式：textbook@1000phone.com。

目　录

源码下载

第1章 初识 Node.js

1.1 Node.js 简介

扫码观看

Node.js 是目前使用最多的 Web 服务器端开发技术之一，自从 2009 年诞生以来，虽然在市场占有率上不及 Python、PHP 等编程语言，但是它确实是有史以来发展最快的开发工具。在短短几年时间里，Node.js 在 Web 开发领域飞速发展。从本章开始，将逐步揭开 Node.js 的神秘面纱。

1.1.1 Node.js 的发展历程

Node.js 的发展历程如下。

2009 年 3 月，Ryan Dahl 宣布准备用 V8 创建轻量级 Web 服务器。

2009 年 5 月，Ryan Dahl 在 GitHub 上发布了最初版本。

2011 年 7 月，Node 在微软的支持下发布了其 Windows 版本。

2011 年 11 月，Node 超越 Ruby on Rails，成为 GitHub 上关注度最高的项目。

2012 年，Node.js V0.8.0(稳定版本)发布。

2015 年，成立 Node.js 基金会，Apigee，RisingStack 和 Yahoo 加入 Node.js 基金会。

2016 年，Node.js V7.0 支持了 99% 的 ES6 特性。

1.1.2 Node.js 的特点

1. 异步 I/O

I/O(Input/Output，输入/输出)通常指内部和外部存储设备的数据读取或其他设备之间的输入/输出，例如，数据库、缓存、磁盘等的操作。简单来说，Node 中的异步 I/O 就是以并发的方式读取数据，通过事件循环和回调的方式处理 I/O，从而不阻塞程序流程。

2. 事件与回调函数

使用 Node.js 开发的应用程序都是单线程的，可以使用事件和回调函数来实现并发的效果，正因为这样，Node.js 的性能是非常高的。而且 Node.js 的所有 API 几乎都是异步处理，并作为一个独立的线程运行，然后使用异步函数调用，处理并发。Node.js 使用观察者模式来实现所有的事件机制，这就类似于进入了一个无限的事件循环，直到没有事件观察者退出，每个异步事件都生成一个事件观察者，如果有事件发生就调用该回调函数。

能够直接体现 Node.js 异步编程的操作就是回调函数，异步编程依托于回调函数来实现。在 Node.js 中使用了大量的回调函数，几乎所有的 API 都支持回调函数。例如，使用

fs 模块读取文件,可以一边执行其他的代码,一边读取文件,当文件读取完成后,将文件内容作为回调函数的参数返回,这样在执行代码时就没有阻塞或等待文件 I/O 操作了。这种操作可以大大提高 Node.js 的性能,并处理大量的并发请求。

3. 单线程

Node.js 保持了 JavaScript 在浏览器中单线程的特点。JavaScript 执行线程是单线程,把需要做的 I/O 交给 Libuv,然后再去执行其他命令,而 Libuv 在指定的时间内执行回调就可以了,这就是 Node.js 的单线程原理。

使用单线程最大的好处就是没有多线程的死锁问题,也没有线程上下文通信所带来的性能开销。但是单线程也有其自身的弱点,例如,无法利用多核 CPU,错误会引起整个应用退出,大量计算占用 CPU 导致无法继续调用异步 I/O 等。

4. 跨平台

早期的 Node.js 版本只能运行在 Linux 平台上,也可以使用 Cygwin 或 MinGW 等让 Node.js 运行在 Windows 平台上。随着 Node.js 版本的更新,在 V0.60 版本发布时,Node.js 实现了基于 Libuv 的跨平台性能,能够在 Windows 平台上运行了。

Node.js 的结构大致分为三个层次,在最底层的 Libuv 为 Node.js 提供了跨平台、线程池、事件池、异步 I/O 等能力,是 Node.js 实现跨操作系统的核心所在。Node.js 结构如图 1.1 所示。

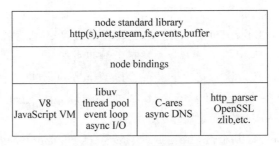

图 1.1　Node 结构示意图

1.1.3　为什么要使用 Node.js

Node.js 从诞生之初到现在,在短短几年时间里就变得非常热门,使用者也非常多。那为什么有那么多的开发者选择了 Node 呢? 使用 Node.js 主要考虑的因素有以下几个方面。

(1) Node.js 使用 JavaScript 脚本语言作为主要的开发语言,这就将前端开发者的能力延伸到了服务器端,使前后端编程语言得到了统一,减少了前端开发者的学习成本。

(2) Node.js 的高性能 I/O 可以为实时应用提供高效的服务,例如,实时语音、通过 Socket.io 实现实时通知等功能。

(3) 并行 I/O 还可以更高效地利用分布式环境,阿里巴巴的 NodeFox 就是借助 Node 并行 I/O 的能力,更高效地使用已有的数据。同时,并行 I/O 还可以有效利用稳定接口提升 Web 渲染能力,加速数据的获取进而提升 Web 的渲染速度。

(4) 游戏领域对实时和并发有很高的要求,Node.js 优秀的高并发性能可以应用在游戏和高实时应用中。

（5）前端工程师可以使用 Node 重写前端工具类的应用，减少了开发成本和学习成本。

（6）云计算平台利用 JavaScript 带来的开发优势，以及资源占用少、性能高等特点，在云服务器上提供了 Node 应用托管服务。

1.2　Node.js 运行环境安装

扫码观看

本节介绍如何在不同的操作系统上安装 Node 的方法。

1.2.1　在 Windows 上安装 Node

由于 Node 发布了众多版本，本书主要以 Node 12.13.1 版本为例进行讲解。

首先，打开 Node.js 中文官网（https://nodejs.org/zh-cn/），在下载板块中找到对应系统的下载链接，效果如图 1.2 所示。

图 1.2　Node 下载

可以选择 .msi 或 .zip 两种格式的文件进行下载。以 .msi 文件的下载安装为例，效果如图 1.3 所示。

图 1.3　Node 安装文件下载

选择对应的版本下载，下载完成后双击安装文件，进入 Node 安装步骤。效果如图 1.4 所示。

4

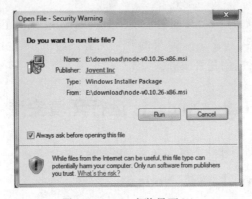

图 1.4　Node 安装界面(1)

单击图 1.4 中的 Run(运行)按钮,出现如图 1.5 所示的界面。

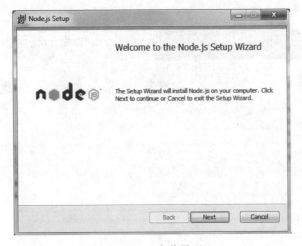

图 1.5　Node 安装界面(2)

单击 Next(下一步)按钮,进入相关协议界面,效果如图 1.6 所示。勾选接受协议复选框,单击 Next(下一步)按钮。

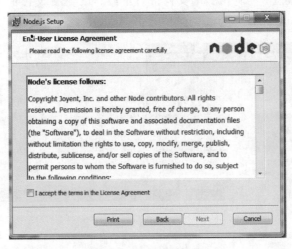

图 1.6　勾选接受协议

Node.js 默认安装目录为 C:\Program Files\nodejs\，可以修改目录，效果如图 1.7 所示，并单击 Next(下一步)按钮。

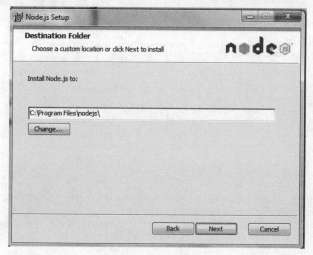

图 1.7　选择安装目录

单击树形图标来选择需要的安装模式，效果如图 1.8 所示，然后单击 Next(下一步)按钮。

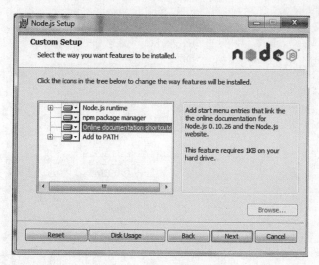

图 1.8　选择安装目录

单击 Install(安装)按钮开始安装 Node.js。也可以单击 Back(返回)按钮来修改先前的配置，效果如图 1.9 所示，然后单击 Next(下一步)按钮。

安装进度条完成后，效果如图 1.10 所示，单击 Finish(完成)按钮退出安装向导。

Node.js 安装完成后，会自动配置环境变量。测试 Node.js 是否安装成功，按快捷键 Win+R 启动"运行"对话框，在"运行"对话框中输入"cmd"，回车，效果如图 1.11 所示。

弹出命令提示符窗口，在窗口中输入"node -v"命令，查看当前安装的 Node.js 的版本号。效果如图 1.12 所示。

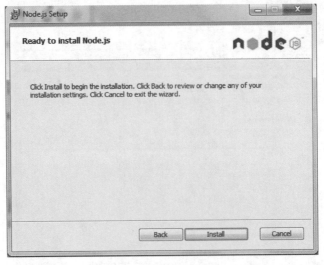

图 1.9 确定安装界面

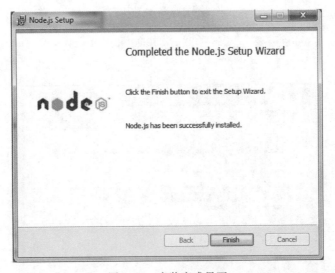

图 1.10 安装完成界面

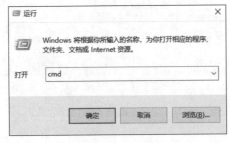

图 1.11 "运行"对话框

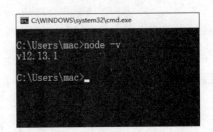

图 1.12 查看 Node.js 的版本号

如果运行结果中出现了版本号,说明 Node.js 安装成功了。

1.2.2 在 Linux 上安装 Node

CentOS 下源码安装 Node.js 需要从官网下载最新的 Node.js 版本,本节以 v0.10.24 为例。执行如下命令。

```
cd /usr/local/src/
wget http://nodejs.org/dist/v0.10.24/node-v0.10.24.tar.gz
```

解压源码,执行如下命令。

```
tar zxvf node-v0.10.24.tar.gz
```

编译安装,执行如下命令。

```
cd node-v0.10.24
./configure --prefix=/usr/local/node/0.10.24
make
make install
```

配置 NODE_HOME,进入 profile 编辑环境变量,执行如下命令。

```
vim /etc/profile
```

设置 nodejs 环境变量,在 export PATH USER LOGNAME MAIL HOSTNAME HISTSIZE HISTCONTROL 一行的上面添加如下内容。

```
#set for nodejs
export NODE_HOME=/usr/local/node/0.10.24
export PATH=$NODE_HOME/bin:$PATH
```

:wq 保存并退出,编译/etc/profile 使配置生效,执行如下命令。

```
source /etc/profile
```

验证是否安装成功,执行如下命令。

```
node -v
```

1.2.3 在 macOS 上安装 Node

在 macOS 系统上安装 Node.js,需要在官网下载 pkg 安装包,直接单击安装即可。也可以使用 brew 命令来安装,执行如下命令。

```
brew install node
```

1.3 NPM 依赖管理工具

1.3.1 NPM 简介

扫码观看

NPM 的全称是 Node Package Manager，是随着 Node. js 一起安装的包管理工具，是 Node. js 包的标准发布平台，用于 Node. js 包的发布、传播、依赖控制等操作。NPM 提供了命令行工具，可以使用命令行工具方便地下载、安装、升级、删除包，开发者也可以将自己开发的 Node. js 项目包发布至 NPM 服务器。

NPM 能够解决 Node. js 代码部署上的很多问题。

(1) 允许用户从 NPM 服务器下载第三方依赖包到本地项目中使用。

(2) 允许用户从 NPM 服务器下载安装第三方命令行程序到本地项目中使用。

(3) 允许用户将自己编写的包或命令行程序上传到 NPM 服务器供别人使用。

1.3.2 NPM 的使用

1. npm init

npm init 是用来生成一个新的 package. json 文件的，当执行 npm init 后，命令行界面会出现一系列的询问提示，按回车键进行下一步。也可以使用-y(表示 yes)、-f(表示 force)跳过询问的环节，直接生成一个新的 package. json 文件。执行如下命令。

```
$ npm init - y
```

2. npm set

npm set 命令是用来设置环境变量的，一般用来设置 npm init 命令的默认值，设置完成后，再执行 npm init 命令，就可以按照默认值自动写入预设的值。设置的信息会保存在用户主目录的～/. npmrc 文件中，这样就可以保证以后每个项目都可以用来预设默认值。如果在以后的项目中设置不同的值，可以执行 npm config 命令来修改。预设默认值，执行如下命令。

```
$ npm set init - author - name 'Your name'
$ npm set init - author - email 'Your email'
$ npm set init - author - url 'http://yourdomain.com'
$ npm set init - license 'MIT'
```

3. npm info

npm info 命令用于查看所有模块的详细信息，例如，查看 underscore 模块的信息，执行如下命令。

```
$ npm info underscore
```

上面的命令执行成功后，会返回一个 JS 对象，包含 underscore 模块的具体信息。该对象的所有成员都可以直接从 info 命令查询。执行如下命令。

```
$ npm info underscore description
$ npm info underscore homepage
$ npm info underscore version
```

4. npm search

npm search 命令用于搜索 npm 仓库，可以使用字符串或正则表达式实现搜索，执行如下命令。

```
$ npm search <搜索词>
```

5. npm list

npm list 命令以属性结构列出当前项目安装的每个模块，以及每个模块所依赖的模块，执行如下命令。

```
$ npm list

# 加上 global 参数,会列出全局安装的模块
$ npm list -global

# npm list 命令也可以列出单个模块
$ npm list underscore
```

6. npm install

npm install 命令用于安装包或命令程序，语法格式如下。

```
npm [install/i] [package_name]
```

npm 默认会从 NPM 官方服务器搜索、下载包，然后将对应的包安装到 node_modules 目录下。可以使用-g 命令实现全局安装，也可以使用-S(生产环境)或-D(开发环境)命令实现本地安装。执行如下命令。

```
# 本地安装
$ npm install < package name >
# 全局安装
$ sudo npm install-global < package name >
$ sudo npm install-g < package name >
```

npm install 可以简写为 npm i。

7. npm run

npm 不仅可以用于模块管理，还可以用于执行脚本。在 package.json 文件中有一个 scripts 属性，该属性的值是一个对象类型，可以指定脚本命令，让 npm 直接调用。package.json 文件代码如下。

```
{
  "name": "myproject",
  "devDependencies": {
    "jshint": "latest",
    "browserify": "latest",
    "mocha": "latest"
  },
  "scripts": {
    "lint": "jshint ** .js",
    "test": "mocha test/"
  }
}
```

npm run 如果不加任何参数直接运行的话,会列出 package. json 中所有的可执行脚本命令。npm 内置了两个命令简写,npm test 等同于执行了 npm run test,npm start 等同于执行了 npm run start。

第 2 章 Node.js 编程基础

2.1 Node.js 快速入门

2.1.1 Node.js 基础

Node.js 是一个事件驱动 I/O 服务器端 JavaScript 环境,基于 Google 的 V8 引擎。简单来说,Node.js 就是一个运行在服务器端的 JavaScript。对于前端工程师来说,用 Node.js 编程非常简单,因为直接使用 JavaScript 的编程语法就可以开发 Node 应用。下面来编写一个"Hello World"代码。

首先找到一个本地目录,例如,在 D 盘的根目录创建一个 helloworld.js 文件。使用文本编辑器,在 helloworld.js 文件中输入以下代码。

```
console.log('Hello World');
```

将文件保存后,打开终端,切换到 D 盘的根目录,执行如下代码。

```
node helloworld.js
```

运行成功后,可以在终端看到输出的 hello world,效果如图 2.1 所示。

图 2.1　终端运行结果

除了上面示例中的 node 命令,Node.js 还有其他的命令,可以输入 node --help 查看详细的帮助信息。效果如图 2.2 所示。

2.1.2 创建第一个 Node 应用

Node.js 的强大之处在于,使用 Node.js 不仅可以开发一个应用程序,还可以实现整个 HTTP 服务器。

首先,在本地磁盘的目录中创建一个 server.js 文件,例如 C:\project\server.js。使用文本编辑器打开 server.js 文件,然后再用 require 引入 http 模块,示例代码如下。

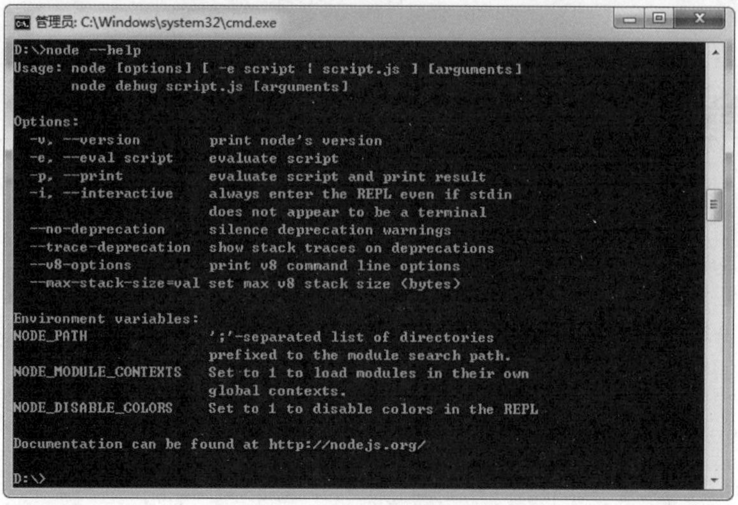

图 2.2　帮助信息

```
var http = require('http');
```

调用 http.createServer()方法创建服务器对象,并使用 listen()方法监听指定的端口,例如 3000 端口。示例代码如下。

```
var http = require('http');
http.createServer().listen(3000);
```

createServer()方法的参数是一个回调函数,该回调函数的参数为 request 和 response 对象,分别表示 HTTP 的请求对象和响应对象。示例代码如下。

```
var http = require('http');
http.createServer(function(request, response) {
    //发送 HTTP 头部 ,HTTP 状态值: 200 : OK,内容类型: text/plain
    response.writeHead(200, {'Content-Type': 'text/plain'});
    //发送响应数据 "Hello World"
    response.end('Hello World\n');
}).listen(3000,function(){
    //服务器启动成功后,在终端打印以下信息
    console.log('Server run success!');
});
```

完成以上代码的编写后,就可以启动 HTTP 服务器了。打开终端,切换到 server.js 所在的目录,执行如下命令。

```
node server.js
```

运行效果如图 2.3 所示。

在终端输出 Server run success 内容,表示服务器启动成功。接下来,打开浏览器访问

http://127.0.0.1:3000/，就会看到写着 Hello World 内容的网页。效果如图 2.4 所示。

图 2.3　启动服务器　　　　　　　　　图 2.4　浏览器访问效果

2.2　模块化开发

2.2.1　模块化的概念

在生活中也会经常见到模块化的存在。例如，一台计算机，它就是由多个配件组合而成的。不同的厂商专注于研发特定的技术，生产不同的配件，然后再将这些具有不同功能的配件进行拼装，就组装成了一台计算机，如图 2.5 所示。

图 2.5　台式计算机配件

其实，模块化一词早在研究工程设计的 *Design Rules* 一书中就已经被提出了。在后来的发展中，模块化原则还只是作为计算机科学的理论，尚未在工程实践中得到应用。但是与此同时，硬件的模块化一直是工程技术的基石，例如，标准螺纹、汽车组件、计算机硬件组件等。

软件模块化的原则也是随着软件的复杂性诞生的。从开始的机器码、子程序划分、库、框架，再到分布在成千上万的互联网主机上的程序库。模块化是解决软件复杂性的重要方法之一。模块化是以分治法为依据，但是否意味着可以把软件无限制地细分下去呢？事实上，当分割过细时，模块总数增多，每个模块的成本确实减少了，但模块接口所需代价随之增加。要确保模块的合理分割则须了解信息隐藏、内聚度及耦合度。

模块化是一个软件系统的属性，这个系统被分解为一组高内聚、低耦合的模块。这些模块拼凑下就能组合出各种功能的软件，而拼凑是灵活的、自由的。经验丰富的工程师负责模块接口的定义，经验较少的则负责实现模块的开发。

Node.js 编程基础

一个功能就是一个模块,多个模块可以组成完整应用,抽离一个模块不会影响其他功能的运行。

2.2.2 CommonJS 规范

CommonJS 规范主要是用来弥补当前 JavaScript 没有标准的缺陷,从而可以像 Java、Python 等编程语言一样,具备开发大型应用的基础能力,而不是停留在脚本程序的阶段。时至今日,CommonJS 中的大部分规范仍然只是草案,但是所带来的成效是显著的,为 JavaScript 开发大型应用程序提供了支持。

CommonJS 规范的定义非常简单,主要分为模块引用、模块定义和模块标示三个部分。

1. 模块引用

示例代码如下。

```
var http = require('http');
```

在 CommonJS 规范中,使用 require()方法接收模块标识,引入一个模块的 API 到当前上下文中。

2. 模块定义

在模块中,上下文提供 require()方法来引入外部模块。对应引入的功能,上下文提供了 exports 对象用于导出当前模块的方法或变量,并且它是唯一导出的出口。在模块中还存在一个 module 对象,它代表模块自身,而 exports 是 module 的属性。

3. 模块标识

简单来说,模块标识就是传递给 require()方法的参数,它必须是符合小驼峰命名的字符串,或者是以".."或".."开头的相对路径或绝对路径。文件名可以没有.js 后缀。

模块的定义十分简单,接口也十分简洁。它的意义在于将类聚的方法和变量等限定在私有的作用域中,同时支持引入和导出功能以顺畅地连接上下游依赖。CommonJS 构建的这套模块导出和引入机制使得用户完全不必考虑变量污染等问题。

2.2.3 Node.js 中的模块化

在 Node.js 中的模块主要分为核心模块和文件模块。

核心模块包括 http、fs、path、url、net、os、readline 等。核心模块在 Node.js 自身源码编译时,已经编译成二进制文件,部分核心模块在 Node.js 进程启动的时候已经默认加载到缓存里面了。文件模块包含独立文件模块和第三方模块,可以是.js 模块、.node 模块、.json 模块等。这些都是文件模块,无论是从 npm 上下载的第三方模块还是自己编写的模块都是文件模块。

2.2.4 Node.js 系统模块

Node 运行环境提供了很多系统自带的 API,因为这些 API 都是以模块化的方式进行开发的,所以又称 Node 运行环境提供的 API 为系统模块。

常用的系统模块有操作文件的 fs 模块和操作路径的 path 模块。

1. fs 模块

从字面意思来解释,f 表示 file(文件),s 表示 system(系统),fs 模块可以解释为文件操作系统。使用 fs 模块可以读取本地文件,示例代码如下。

```
//读操作 fs.readFile('文件路径/文件名称'[,'文件编码'], callback);
fs.readFile('../index.html', 'utf8', (err,data) => {
    if (err != null){
        console.log(data);
        return;
    }
    console.log('文件写入成功');
});
```

还可以使用 fs 模块向本地文件输出内容,示例代码如下。

```
//写操作
const content = '<h3>正在使用 fs.writeFile 写入文件内容</h3>';
fs.writeFile('../index.html', content, err => {
    if (err != null){
        console.log(err);
        return;
    }
    console.log('文件写入成功');
});
```

2. path 模块

path 是系统内置路径模块,用于处理文件和目录的路径。常用的方法如下。

path. join(),用于连接路径。该方法的主要用途在于,会正确使用当前系统的路径分隔符,UNIX 系统是"/",Windows 系统是"\"。

path. resolve([from ...], to),将 to 参数解析为绝对路径,给定的路径的序列是从右往左被处理的,后面每个 path 被依次解析,直到构造完成一个绝对路径。

path. dirname(),返回路径中代表文件夹的部分,同 UNIX 的 dirname 命令类似。

path. basename(),返回路径中的最后一部分。同 UNIX 命令 basename 类似。

path. parse(),返回路径字符串的对象。

path. format(),从对象中返回路径字符串,和 path. parse 相反。

path. relative(),用于将绝对路径转为相对路径。

path. isAbsolute(),判断参数 path 是否为绝对路径。

使用 path 模块拼接路径,示例代码如下。

```
//引入模块
var path = require('path');
//调用 join 方法
```

Node. js 编程基础

```
path.join('/foo', 'bar', 'baz/asdf', 'quux', '..');
//输出 '/foo/bar/baz/asdf'
```

2.2.5 第三方模块

第三方模块，简单来说，就是别人写好的、具有特定功能的、能直接使用的模块，由于第三方模块通常都是由多个文件组成并且被放置在一个文件夹中，所以又称为包。

有以下两种形式的第三方模块。

（1）以 js 文件的形式存在，提供实现项目具体功能的 API。

（2）以命令行工具形式存在，辅助项目开发。

可以使用 npm 包管理工具搜索、下载第三方包。

第 3 章 异步 I/O

扫码观看

3.1　什么是异步 I/O

3.1.1　为什么要使用异步 I/O

异步 I/O 在 Node 中是非常重要的,这与 Node 面向网络的设计思想有很大关系。Web 应用已经不再是单台服务器就能胜任的时代了,在跨网络的架构下,并发已经是现代互联网中最常见的场景了。应对高并发的场景,主要是从用户体验和资源分配这两个方面来入手。

1. 用户体验

在浏览器中 JavaScript 是单线程的,与 UI 渲染共用一个线程,如果 JavaScript 在执行时,UI 渲染和响应是处于停滞状态的,一旦 JavaScript 脚本执行的时间过长,用户就会感到页面卡顿,影响用户体验。在 B/S 架构中,当网页需要同步获取一个网络资源时,JavaScript 需要等待资源完全从服务器端获取后才能继续执行,如果受到网速的限制,UI 渲染将会阻塞,不响应用户的交互行为,这对用户体验来说是个灾难。

当在 Web 应用中采用了异步请求,在下载资源期间,JavaScript 和 UI 的执行都不会处于等待状态,可以继续响应用户的交互行为,给用户一个快速的体验。前端可以通过异步来消除 UI 阻塞的现象,但是前端获取资源的速度取决于后端的响应速度。

2. 资源分配

且不谈用户体验的因素,下面从资源分配的层面来分析一下异步 I/O 的必要性。当前的计算机在处理业务场景中的任务时,主要有两种方式:单线程串行依次执行和多线程并行执行。

如果创建多线程的开销小于并行执行,那么就首选多线程。多线程的开销主要体现在创建线程和执行线程上下文切换时的内存开销,另外,在复杂的业务中,多线程编程面临死锁、状态同步等问题,这也是多线程被诟病的主要原因。但多线程也有很多的优点,例如,多线程在多核 CPU 上能够有效提升 CPU 的利用率。

单线程是按顺序依次执行任务的,这一点比较符合开发人员按顺序思考的思维方式,因为易于表达,也是最主流的编程方式。但是串行执行的缺点在于性能相对较差,在代码的执行期间,一旦遇到稍微复杂的任务就会阻塞后面的代码执行。在计算机资源中,通常 I/O 与 CPU 计算之间是可以并行执行的,但是同步编程模型导致的问题是,I/O 的进行会让后续任务等待,这造成资源不能被更好地利用。

单线程同步编程阻塞 I/O,从而导致硬件资源得不到更好的利用,多线程编程也会因为死锁、状态同步等问题给开发人员造成困扰。Node 在两者之间做了一个相对优化的解决方案,利用 JavaScript 的单线程,避免多线程的死锁和状态同步等问题,然后利用操作系统的异步 I/O,让单线程避免阻塞,充分利用 CPU 的资料分配。Node 的最大特点就是异步 I/O 模型,这是首个将异步 I/O 使用到应用层的平台,力求在单线程上将资源分配更高效。

3.1.2　异步 I/O 与非阻塞 I/O

很多初学者会把异步和非阻塞混为一谈,这两个概念看起来似乎是一回事,从实际的应用效果来说,异步和非阻塞都达到了并行 I/O 的目的。但是从计算机内核 I/O 而言,异步、同步和阻塞、非阻塞实际上是两回事。

操作系统内核对于 I/O 只有两种方式:阻塞和非阻塞。阻塞 I/O 的特点是调用之后要等到系统内核层面完成所有操作后调用才结束,应用程序需要等待 I/O 完成后才会返回结果。效果如图 3.1 所示。

阻塞 I/O 操作 CPU 浪费了等待时间,CPU 的处理能力不能得到充分利用。为了提高性能,内核提供了非阻塞 I/O。非阻塞 I/O 跟阻塞 I/O 的差别是调用之后会立即返回。效果如图 3.2 所示。

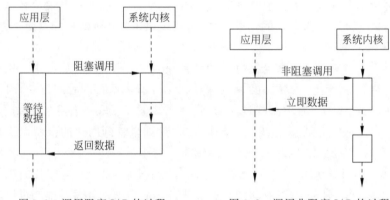

图 3.1　调用阻塞 I/O 的过程　　　　　图 3.2　调用非阻塞 I/O 的过程

非阻塞 I/O 返回之后,CPU 的时间片可以用来处理其他事务,此时的性能提升是非常明显的。但是非阻塞 I/O 也存在一些问题,在完整的 I/O 还没有完成时,立即返回的并不是业务层需要的数据,而仅仅是当前调用的状态。为了获取完整的数据,应用程序需要重复调用 I/O 操作来确认是否完成。这种重复调用判断操作是否完成的技术叫作轮询。

轮询技术仅仅是满足了非阻塞 I/O 确保获取完整数据的需求,但是对于应用程序而言,它仍然只能算是一种同步,因为应用程序仍然需要等待 I/O 完全返回,依旧花费了很多时间来等待。等待期间,CPU 要么用于遍历文件描述符的状态,要么用于休眠等待事件发生。轮询的操作对性能也是非常大的消耗,并不是那么完美。

3.2　Node.js 的异步 I/O

3.2.1　事件循环

事件循环是 Node 中非常重要的执行模型。在进程启动时,Node 便会创建一个类似于

while(true)的循环,每执行一次循环体的过程称为 Tick。每个 Tick 的过程就是查看是否有事件待处理,如果有,就取出事件及其相关的回调函数。如果存在关联的回调函数,就执行它们,然后进入下个循环,如果不再有事件处理,就退出进程。事件循环流程如图 3.3 所示。

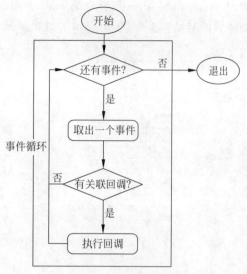

图 3.3　Tick 流程图

3.2.2　观察者模式

观察者可以在每个 Tick 的过程中判断是否需要处理事件,每个事件循环中有一个或多个观察者,而判断是否有事件要处理的过程就是在询问这些观察者是否有事件要处理。

这个过程就类似于奶茶店,奶茶店的操作间里面的员工需要不停地制作奶茶,但是做什么口感的奶茶是由前台的收银员接到的订单决定的,操作间每做完一杯奶茶,就要询问前台收银员,下一杯是什么口感的,如果没有订单了,就休息。在这个过程中,前台收银员就是观察者,收到客人点单就是关联的回调函数。当然,如果奶茶店的生意比较好,可以多雇几个收银员,这就像是多个观察者一样。接收订单是一个事件,一个观察者可以有多个事件。

浏览器采用了类似的机制,事件可能来自用户的单击或者加载某些文件时产生,而这些产生的事件都有对应的观察者。在 Node 中,事件主要来源于网络请求、文件 I/O 等,这些事件对应的观察者有文件 I/O 观察者、网络 I/O 观察者等。观察者将事件进行了分类。

事件循环是一个典型的生产者/消费者模式。异步 I/O、网络请求等则是事件的生产者,源源不断地为 Node 提供不同类型的事件,这些事件被传递到对应的观察者那里,事件循环则从观察者那里取出事件并处理。

3.2.3　请求对象

对于 Node 中的异步 I/O 调用来说,回调函数不是由开发者调用,那么从调用到回调函数被执行,中间需要请求对象。fs.open()的作用是根据指定路径和参数去打开一个文件,从而得到一个文件描述符,这是后续所有 I/O 操作的初始操作。JavaScript 层面的代码通过调用 C++核心模块进行下层的操作。

从 JavaScript 调用 Node 核心模块,核心模块调用 C++内建模块,内建模块通过 libuv 进行系统调用,这是 Node 里经典的调用方式。这里 libuv 作为封装层,有两个平台的实现,实质上是调用 uv_fs_open()方法。请求对象是异步 I/O 过程中的重要中间件,所有的状态都保存在这个对象中,包括送入线程池等待执行以及 I/O 操作完毕后的回调处理。

3.2.4　执行回调

组装好请求对象、送入 I/O 线程池等待执行,实际上完成了异步 I/O 的第一部分,回调通知是第二部分。I/O 观察者回调函数的行为就是取出请求对象的 result 属性作为参数,取出 oncomplete_sym 属性作为方法,然后调用执行,以此达到调用 JavaScript 中传入的回调函数的目的。至此,整个异步 I/O 的流程完全结束,流程如图 3.4 所示。

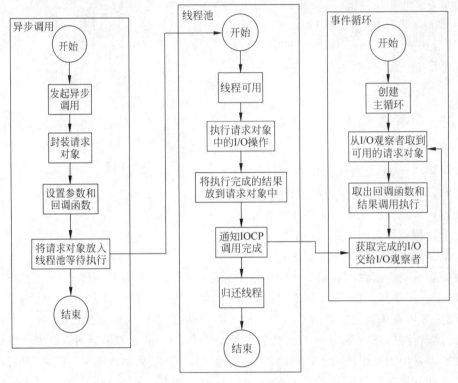

图 3.4　异步 I/O 的流程

3.3　非 I/O 的异步 API

3.3.1　定时器

浏览器 API 中有两个与定时器相关的函数,分别是 setTimeout() 用于单次定时任务和 setInterval() 用于多次定时任务。它们的实现原理与异步 I/O 类似,调用 setTimeout() 或者是 setInterval() 创建的定时器会被插入到定时器观察者内部的一个红黑树中。每次 Tick 执行时,会从该红黑树中迭代取出定时器对象,检查是否超过定时时间。如果超过,就形成一个事件,它的回调函数将立即执行。

虽然事件循环比较快,如果一次循环占用的时间较多,那么下次循环时,可能已经超时很久了。例如,使用 setTimeout() 创建一个 10ms 后执行的单次执行任务,但是在 9ms 后,有一个任务占用了 5ms 的 CPU 时间片,再次轮到定时器执行时,时间就已经过期了 4ms。

3.3.2　process.nextTick() 函数

由于事件循环自身的特点,定时器的精确度不够,在使用定时器时需要借助红黑树来进行定时器对象创建和迭代等操作。而 setTimeout(function, 0) 的方式对性能的消耗比较大，如果想要立即异步执行一个任务，可以使用 process.nextTick() 方法来完成。示例代码如下。

```
function foo() {
    console.error('foo');
}

process.nextTick(foo);
console.error('bar');
```

运行上面的代码，在控制台输出的结果如下。

```
bar
foo
```

"bar" 的输出在 "foo" 的前面，这说明 foo() 函数是在下一个时间点运行的。每次调用 process.nextTick() 方法，只会将回调函数放入队列中，在下一轮 Tick 时取出执行。定时器中采用红黑树的操作时间复杂度为 $O(\lg n)$，nextTick() 的时间复杂度为 $O(1)$。相比较之后会看出 process.nextTick() 的效率更高。

第 4 章 Stream

4.1 Stream 的概念

4.1.1 Stream 简介

1. 什么是 Stream

流（Stream）是操作系统中最基本的数据操作方式，并不是在 Node.js 中独有的概念，所有的服务器端语言都有可以实现 Stream 的 API。Stream 在 Node.js 中是处理流数据的抽象接口（Abstract Interface）。Stream 模块提供了基础的 API。使用这些 API 可以很容易地构建实现流接口的对象。简单来讲，Node.js 中的 Stream 就是让数据像水一样流动起来。如图 4.1 所示，数据的流就像是桶中的水一样，从原来的 source 一点一点地通过管道流向 dest。

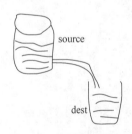

图 4.1　数据流示意图

管道提供了一个输出流到输入流的机制，通常用于从一个流中获取数据并将数据传递到另外一个流中。可以把文件比作一个装满水的桶，而水就是文件里的内容，可以用一根管子将两个桶连接起来，使水从一个桶流向另一个桶，这就是实现文件复制的过程。

2. 为什么要使用 Stream

将上面倒水的例子对应到计算机的场景中，例如，要看一个在线的视频，source 就是服务器端的视频，dest 就是自己计算机上的播放器，视频的播放过程就是把视频的数据从服务器上一点一点地流到本地播放器，一边流动一边播放。

可以试想一下，如果没有管道和流动的方式，想要播放视频需要在服务器端加载完成一个完整的视频，然后再播放。这样就会导致最终播放的时候需要加载很长一段时间才能将视频播放出来。除了这个直观的问题之外，还会因为视频在加载的过程中，内存占用太多而导致系统卡顿或者崩溃。这是由于网速、内存、CPU 运算速度都是有限的，视频过大就会使计算机超负荷运转。

程序在读取一个文件时，如果这个文件非常大，在响应大量用户的并发请求时，程序可能会消耗大量的内存，这样就很容易造成用户连接缓慢等问题。并发请求过大，还会造成服务器内存开销过大。示例代码如下。

```
var http = require('http');
var fs = require('fs');
var path = require('path');

var server = http.createServer(function (req, res) {
    var fileName = path.resolve(__dirname, 'data.txt');
    fs.readFile(fileName, function (err, data) {
        res.end(data);
    });
});
server.listen(8000);
```

使用 Stream 可以很好地解决这个问题,并不是把文件全部读取后再返回,而是一边读一边返回,一点一点地把数据流动到客户端。示例代码如下。

```
var http = require('http');
var fs = require('fs');
var path = require('path');

var server = http.createServer(function (req, res) {
    var fileName = path.resolve(__dirname, 'data.txt');
    var stream = fs.createReadStream(fileName);        //这一行有改动
    stream.pipe(res);                                  //这一行有改动
});
server.listen(8000);
```

使用 Stream 的目的就是让大文件避免一次性的读取,从而造成内存和网络开销过大。通过 Stream 可以让数据像水一样流动起来,对数据一点一点地操作。

4.1.2 Stream 实现的过程

数据流(Stream)就是把数据从一个地方流转到另一个地方,那么数据流转具体是怎么实现的呢? 需要先来了解三个概念:数据来源、数据管道、数据流向。

1. 数据来源

数据常见的来源方式主要有以下三种。

(1) 用户从控制台直接输入。

(2) 从 HTTP 请求中的 request 对象获取。

(3) 从本地文件中读取。

用户从控制台输入的任何内容都会通过事件监听获取到,示例代码如下。

```
process.stdin.on('data', function (chunk) {
    console.log('stream by stdin', chunk.toString())
});
```

客户端浏览器向服务器发送一个 HTTP 请求,在服务器端就可以使用 request 对象接收 HTTP 请求中的参数,服务器可以通过这种方式来监听数据的传入。上传数据一般使用

post 请求。示例代码如下。

```
req.on('data', function (chunk) {
    //"一点一点"接收内容
    data += chunk.toString()
})
req.on('end', function () {
    //end 表示接收数据完成
})
```

使用 Node.js 中的 fs 模块来读取文件的数据，示例代码如下。

```
var fs = require('fs')
var readStream = fs.createReadStream('./file1.txt')  //读取文件的 Stream 对象

var length = 0
readStream.on('data', function (chunk) {
    length += chunk.toString().length
})
readStream.on('end', function () {
    console.log(length)
})
```

在上面的示例代码中，使用 Node.js 中的.on 方法监听自定义事件，通过这种方式，可以很直观地监听到 Stream 数据的传入和结束。

2. 数据管道

在如图 4.1 所示的例子中，source 和 dest 之间有一个管道，这个管道在代码中的语法是 source.pipe(dest)，使用 pipe 方法连接 source 和 dest，就可以让数据从 source 流向 dest。这个 pipe 函数就被称为管道。

3. 数据流向

数据常见的输出方式主要有以下几种。

（1）输出到控制台。

（2）HTTP 请求中的 response。

（3）写入文件。

使用管道连接到控制台输入，让数据从输入直接流向输出，示例代码如下。

```
process.stdin.pipe(process.stdout) //source.pipe(dest)形式
```

Node.js 在处理 HTTP 请求时会用到 request 和 response 对象，其实它们都是 Stream 对象。示例代码如下。

```
var stream = fs.createReadStream(fileName);
stream.pipe(res); //source.pipe(dest)形式
```

还可以使用 Stream 读取文件，当然也可以使用 Stream 写入文件，示例代码如下。

```
var fs = require('fs')
var readStream = fs.createReadStream('./file1.txt')   //source
var writeStream = fs.createWriteStream('./file2.txt')//dest
readStream.pipe(writeStream)                          //source.pipe(dest)形式
```

4.1.3 Stream 应用场景

Stream 最常见的应用场景是 HTTP 请求和文件操作。HTTP 请求和文件操作都属于 I/O,所以可以认为 Stream 主要的应用场景就是处理 I/O。在 I/O 操作过程中,由于一次性读取写入操作量过大,硬件的开销太多,会直接影响软件的运行效率。因此,将读取和写入分批分段操作,这样就可以使数据一点一点地流动起来,直到操作完成。

所有执行文件操作的场景,都应该尝试使用 Stream,例如文件的读写、复制、压缩、解压、格式转换等。除非是体积很小的文件,而且读写次数很少,性能上被忽略。

4.2 使用 Stream 操作文件

扫码观看

4.2.1 Node.js 读写文件

Node.js 提供了非常便捷的 API 来帮助完成读写操作,例如,要读取一个文件,可以使用 fs.readFile()方式来完成,然后在回调函数中返回文件内容。示例代码如下。

```
var fs = require('fs')
var path = require('path')

//文件名
var fileName = path.resolve(__dirname, 'data.txt');

//读取文件内容
fs.readFile(fileName, function (err, data) {
    if (err){
        //出错
        console.log(err.message)
        return
    }
    //打印文件内容
    console.log(data.toString())
})
```

如果要向文件中写入数据,可以使用 fs.writeFile()方式将数据写入文件中,然后在回调函数中返回操作状态。示例代码如下。

```
var fs = require('fs')
var path = require('path')

//文件名
```

```
var fileName = path.resolve(__dirname, 'data.txt');

//写入文件
fs.writeFile(fileName, 'xxxxxx', function (err) {
    if (err){
        //出错
        console.log(err.message)
        return
    }
    //没有报错,表示写入成功
    console.log('写入成功')
})
```

可以根据上面的读写操作,完成一个简单的文件复制程序。将 data.txt 文件中的内容复制到 data-bak.txt 中,示例代码如下。

```
var fs = require('fs')
var path = require('path')

//读取文件
var fileName1 = path.resolve(__dirname, 'data.txt')
fs.readFile(fileName1, function (err, data) {
    if (err){
        //出错
        console.log(err.message)
        return
    }
    //得到文件内容
    var dataStr = data.toString()

    //写入文件
    var fileName2 = path.resolve(__dirname, 'data-bak.txt')
    fs.writeFile(fileName2, dataStr, function (err) {
        if (err){
            //出错
            console.log(err.message)
            return
        }
        console.log('复制成功')
    })
})
```

上面代码中是使用 Node.js 中提供的 fs 模块完成文件的读取和写入操作。下面再使用 Stream 完成文件的 I/O,来对比两种操作方式。

4.2.2 使用 Stream 读写文件

在 Node.js 中使用 Stream 读写文件,主要使用以下两个 API。

(1) 使用 fs.createReadStream(fileName) 来创建读取文件的 Stream 对象。

（2）使用 fs.createWriteStream(fileName) 来创建写入文件的 Stream 对象。

Node.js 作为服务器处理 HTTP 请求时，可以使用 Stream 读取文件并直接返回。示例代码如下。

```
var fileName = path.resolve(__dirname, 'data.txt');
var stream = fs.createReadStream(fileName);
stream.pipe(res); //将 res 作为 Stream 的 dest
```

Node.js 在处理 post 请求时，可以将传入的数据直接写入到文件中，req 就表示 source；writeStream 就表示 dest，两者用 pipe 相连，表示数据流动的方向。示例代码如下。

```
var fileName = path.resolve(__dirname, 'post.txt');
var writeStream = fs.createWriteStream(fileName)
req.pipe(writeStream)
```

Node.js 还可以使用 Stream 实现文件的复制功能，示例代码如下。

```
var fs = require('fs')
var path = require('path')

//两个文件名
var fileName1 = path.resolve(__dirname, 'data.txt')
var fileName2 = path.resolve(__dirname, 'data-bak.txt')
//读取文件的 Stream 对象
var readStream = fs.createReadStream(fileName1)
//写入文件的 Stream 对象
var writeStream = fs.createWriteStream(fileName2)
//执行复制，通过 pipe
readStream.pipe(writeStream)
//数据读取完成，即复制完成
readStream.on('end', function () {
    console.log('复制完成')
})
```

4.2.3 Stream 对性能的影响

在上面的示例中，使用 fs API 和 stream API 实现文件复制的程序，二者虽然都可以实现基本功能，但是在性能上却有巨大的差异。可以使用一个第三方模块 memeye 来对内存占用情况进行监控。

先找到请求测试代码所在的文件夹，然后在此文件夹处启动命令行工具，然后运行如下的安装命令。

```
npm install memeye --save-dev
```

安装完成后，新建 test.js 文件并写入下面的代码。

```
var memeye = require('memeye')
memeye()
```

在命令行中运行 node test.js，然后在浏览器中访问 http://localhost:23333/ 即可看到这个 Node.js 进程的内存占用情况，效果如图 4.2 所示。

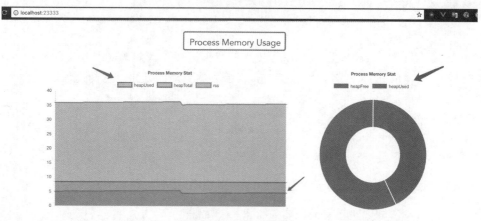

图 4.2　内存占有情况

可以只看页面中关于 Process Memory Usage 这部分的 heapUsed 内存大小，即 Node.js 的堆内存，这部分是 JS 对象所占用的内存空间。

为了方便测试，对 test.js 文件继续完善。让复制操作延迟执行，然后再连续执行 100 次复制，示例代码如下。

```
var fs = require('fs')
var path = require('path')

//开始监控内存
var memeye = require('memeye')
memeye()

//将复制操作封装到一个函数中
function copy(){
    //这里自行补充上文的复制代码
    //测试一，使用 readFile 和 writeFile 编写的复制代码
    //测试二，使用 Stream 编写的复制代码
}

//延迟 5s 执行复制
setTimeout(function () {
    //连续执行 100 次复制
    var i
    for (i = 0; i < 100; i++){
        copy()
    }
}, 5000)
```

上面代码编写完成后,在命令行工具中执行 node test.js 命令,切换到浏览器中刷新页面,效果如图 4.3 所示。

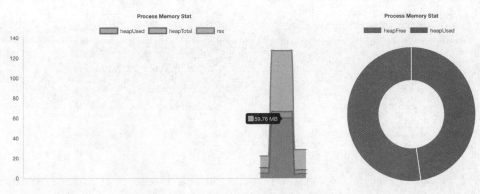

图 4.3　fs 延迟读写内存占用情况

可以看到,图 4.3 中 heapUsed 从 5MB 飙升到 60MB 左右。把同样的延迟操作复制到 Stream 的代码中,然后继续使用测试工具查看内存占用情况,效果如图 4.4 所示。

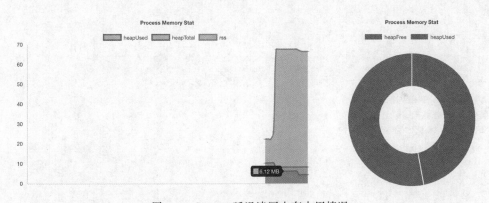

图 4.4　Stream 延迟读写内存占用情况

通过观察,使用 Stream 操作后,图 4.4 中 heapUsed 从 5MB 仅增长到 6MB 左右。对比两种操作,会发现非常大的内存消耗差异,而且随着文件体积越大、操作的数量越多,二者的差异也就越明显。由此可见,使用 Stream 操作文件对性能带来了很大的提升。

4.3　readline 逐行读取

使用 Stream 操作文件会带来很大的性能提升,但是原生的 Stream 却没有操作"行"的能力,只是把文件当作一个简单的数据流。在实际的开发中,很多文件都是分行的,例如,csv 文件、日志文件等。

Node.js 提供了 readline 进行按行读取文件,其本质还是一个 Stream,只不过是以"行"

作为数据流动的单位。

Stream 对象有 data end 自定义事件，以及 pipe 方法。在前面讲到的 source. pipe(dest) 案例中，所有 source 类型的 Stream 对象都可以监听到它的 data end 自定义事件。例如，HTTP 请求中的 request。示例代码如下。

```
req.on('data', function (chunk) {
    console.log('chunk', chunk.toString().length);
});
req.on('end', function () {
    console.log('end');
    res.end('OK');
});
```

所有 source 类型的 Stream 对象都有 pipe 方法，可以传入一个 dest 类型的 Stream 对象，这是 Stream 常见的操作。相比于 Stream 的 data 和 end 自定义事件，readline 和 Stream 类似，但是操作更加简单易懂。readline 需要监听 line 和 close 两个自定义事件。示例代码如下。

```
var fs = require('fs')
var path = require('path')
var readline = require('readline') //引用 readline

//文件名
var fileName = path.resolve(__dirname, 'readline - data.txt')
//创建读取文件的 Stream 对象
var readStream = fs.createReadStream(fileName)

//创建 readline 对象
var rl = readline.createInterface({
    //输入，依赖于 Stream 对象
    input: readStream
})

//监听逐行读取的内容
rl.on('line', function (lineData) {
    console.log(lineData)
    console.log('----- this line read ----- ')
})
//监听读取完成
rl.on('close', function () {
    console.log('readline end')
})
```

在上面的代码示例中，需要先根据文件名创建读取文件的 Stream 对象，然后传入并生成一个 readline 对象，然后通过 line 事件监听逐行读取，通过 close 事件监听读取完成。

4.4 Buffer 二进制流

4.4.1 什么是二进制流

1. 二进制

现在的计算机都是使用二进制形式进行存储和计算的。在半个世纪之前,冯·诺依曼结构被提出之后,将二进制形式的计算运用在冯·诺依曼计算机中,并一直沿用至今。

计算机内存由若干个存储单元组成,每个存储单元只能存储 0 或者 1(可以先这么简单理解,因为内存是硬件,计算机硬件本质上就是一个一个的电子元件,只能识别充电和放电的状态,充电代表 1,放电代表 0),即二进制单元(bit)。但是这一个单元所能存储的信息太少,因此约定 8 个二进制单元为一个基本存储单元,叫作字节(Byte)。一个字节所能存储的最大整数就是 $2^8 = 256$,也正好是 16^2,因此也常常使用两位的十六进制数代表 1 字节。例如,CSS 中常见的颜色值 ♯CCCCCC 就是 6 位十六进制数字,它占用 3 字节的空间。

二进制是计算机最底层的数据格式,也是一种通用格式。计算机中的任何数据格式,如字符串、数字、视频、音频、程序、网络包等,在最底层都是用二进制来进行存储。这些高级格式和二进制之间都可通过固定的编码格式进行相互转换。例如,C 语言中 int32 类型的十进制整数(无符号的),就占用 32b 即 4B,十进制的 3 对应的二进制就是 00000000 00000000 00000000 00000011。字符串也同理,可以根据 ASCII 编码规则或者 Unicode 编码规则(如 UTF-8)等和二进制进行相互转换。

总之,计算机底层存储的数据都是二进制格式,各种高级类型都有对应的编码规则,和二进制进行相互转换。

2. Node.js 中的二进制表示

在 Node.js 中二进制是以 Buffer 的形式表示的。示例代码如下。

```
var str = '学习 nodejs stream'

//注意:node 版本 < 6.0 的使用 var buf = new Buffer(str, 'utf-8')
var buf = Buffer.from(str, 'utf-8')

//< Buffer e5 ad a6 e4 b9 a0 20 6e 6f 64 65 6a 73 20 73 74 72 65 61 6d >
console.log(buf)
console.log(buf.toString('utf-8'))
```

以上代码中,先通过 Buffer.from 将一段字符串转换为二进制形式,其中,UTF-8 是一个编码规则。二进制打印出来之后是一个类似数组的对象(但它不是数组),每个元素都是两位的十六进制数字,即代表一个 Byte,打印出来的 buf 一共有 20B。即根据 UTF-8 的编码规则,这段字符串需要 20B 进行存储。最后,再通过 UTF-8 规则将二进制转换为字符串并打印出来。

3. 二进制数据流

先打印 chunk instanceof Buffer 和 chunk,看一下是什么内容。示例代码如下。

```
var readStream = fs.createReadStream('./file1.txt')
readStream.on('data', function (chunk) {
    console.log(chunk instanceof Buffer)
    console.log(chunk)
})
```

运行上面的代码,运行结果如图 4.5 所示。

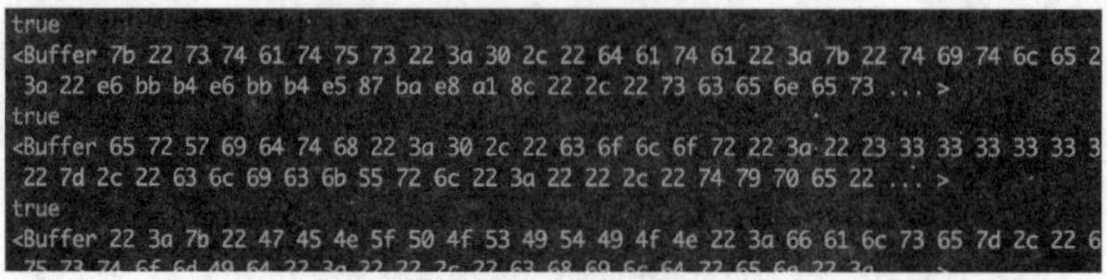

图 4.5 运行结果

可以看到 Stream 中流动的数据就是 Buffer 类型,就是二进制。因此,在使用 Stream
chunk 时,需要将这些二进制数据转换为相应的格式。例如,之前讲的 post 请求,从
request 中接收数据就是这样。示例代码如下。

```
var dataStr = '';
req.on('data', function (chunk) {
    var chunkStr = chunk.toString()   //这里将二进制转换为字符串
    dataStr += chunkStr
});
```

在前面的章节中讲到过,Stream 设计的目的是优化 I/O 操作,无论是文件 I/O 还是网
络 I/O,使用 I/O 操作的文件的数据类型都是未知的,例如,音频、视频、网络包等。就算是
字符串类型,其编码格式也是未知的。在多种未知的情况下,使用二进制格式进行数据的操
作是最安全的。而且,用二进制格式进行流动和传输,也是效率最高的。

在 Node.js 中,无论是使用 Stream 还是使用 fs.readFile()读取文件,读出来的数据都
是二进制格式的,示例代码如下。

```
var fileName = path.resolve(__dirname, 'data.txt');
fs.readFile(fileName, function (err, data) {
    console.log(data instanceof Buffer)   //true
    console.log(data)   //< Buffer 7b 0a 20 20 22 72 65 71 75 69 72 65 ···>
});
```

4.4.2 使用 Buffer 提升性能

使用 Stream 可以提升性能,下面看一下 Buffer 对性能产生的影响。新建 buffer-test.txt
文件,然后粘贴一些文字进去,让文件大小在 500KB 左右。再新建 test.js 文件来操作 I/O,
示例代码如下。

```
var http = require('http');
var fs = require('fs');
var path = require('path');

var server = http.createServer(function (req, res) {
    var fileName = path.resolve(__dirname, 'buffer-test.txt');
    fs.readFile(fileName, function (err, data) {
        res.end(data)                    //测试1：直接返回二进制数据
        //res.end(data.toString()) //测试2：返回字符串数据
    });
});
server.listen(8000);
```

对以上代码中两个需要测试的情况，使用 ab 工具运行 ab -n 100 -c 100 http://localhost:8000/ 分别进行测试，结果如图 4.6 所示。

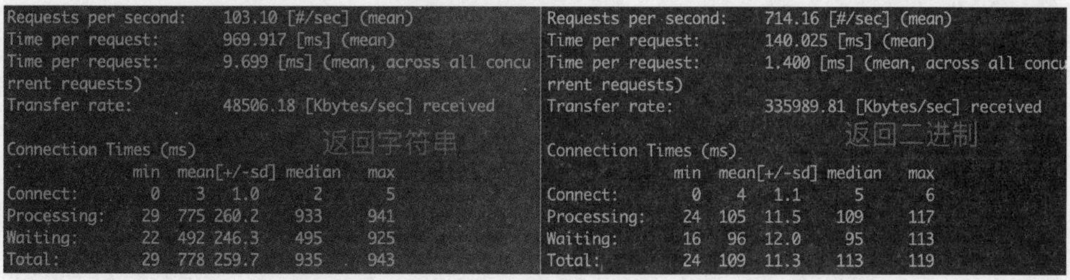

图 4.6　测试结果

从测试结果可以看出，无论是从每秒吞吐量（Requests per second）还是连接时间上，返回二进制格式比返回字符串格式效率提高很多。为何字符串格式效率低？因为网络请求的数据本来就是二进制格式传输，虽然代码中写的是 response 返回字符串，最终还得再转换为二进制进行传输，多了一步操作，效率当然低了。

第5章 | Node.js Web 服务器开发

Web 服务器一般指网站服务器,是驻留于因特网上某种类型计算机的程序。Web 服务器的基本功能就是提供 Web 信息浏览服务。如果读者有过制作静态的 HTML 网站的经历,大概会知道 Web 服务器提供静态文件服务的功能,将静态文件部署到服务器指定的根目录下,就可以通过访问服务器的 IP 地址和端口号来访问这个静态的 HTML 文件,然后服务器将文件返回给浏览器。

Node 也具备开发服务器的能力,但是这和传统意义上的服务器略有不同,可以使用 Node 提供的模块自己手动编写一个服务器应用。不过,使用 Node 编写一个服务器应用非常简单,只需要几行代码就可以了,而且对自己写的服务器程序有足够强的控制力。

5.1 使用 Node.js 搭建 Web 服务器

扫码观看

5.1.1 http 模块

Node.js 提供了 http 模块,主要用于搭建 HTTP 服务器端和客户端,使用 HTTP 服务器或客户端功能必须调用 http 模块,示例代码如下。

```
var http = require('http');
```

1. 使用 Node 创建 Web 服务器

本节使用 http 模块搭建一个最基本的 HTTP 服务器架构,在硬盘上先创建一个 server.js 文件,在文件中编写创建服务器的代码,示例代码如下。

```
var http = require('http');
var fs = require('fs');
var url = require('url');


//创建服务器
http.createServer( function (request, response) {
    //解析请求,包括文件名
    var pathname = url.parse(request.url).pathname;

    //输出请求的文件名
    console.log("Request for " + pathname + " received.");
```

```
//从文件系统中读取请求的文件内容
fs.readFile(pathname.substr(1), function (err, data) {
    if (err){
        console.log(err);
        //HTTP 状态码: 404 : NOT FOUND
        //Content Type: text/html
        response.writeHead(404, {'Content-Type': 'text/html'});
    }else{
        //HTTP 状态码: 200 : OK
        //Content Type: text/html
        response.writeHead(200, {'Content-Type': 'text/html'});

        //响应文件内容
        response.write(data.toString());
    }
    //发送响应数据
    response.end();
});
}).listen(8080);

//控制台会输出以下信息
console.log('Server running at http://127.0.0.1:8080/');
```

接下来,在该目录下再创建一个 index.html 文件,示例代码如下。

```
<!DOCTYPE html>
<html>
    <head>
        <meta charset="utf-8">
    </head>
    <body>
        <h1>我的第一个标题</h1>
        <p>我的第一个段落。</p>
    </body>
</html>
```

在当前目录下打开命令行窗口,运行 server.js 文件,在命令行窗口中执行如下命令。

```
$ node server.js
Server running at http://127.0.0.1:8080/
```

命令运行成功后,打开浏览器访问 http://localhost:8080/index.html,显示效果如图 5.1 所示。

2. 使用 Node 创建 Web 客户端

使用 Node 创建 Web 客户端需要引入 http 模块,创建 client.js 文件,示例代码如下。

图 5.1　访问 index.html

```
var http = require('http');
//用于请求的选项
var options = {
    host: 'localhost',
    port: '8080',
    path: '/index.html'
};

//处理响应的回调函数
var callback = function(response){
    //不断更新数据
    var body = '';
    response.on('data', function(data) {
            body += data;
    });

    response.on('end', function() {
            //数据接收完成
            console.log(body);
    });
}
//向服务器端发送请求
var req = http.request(options, callback);
req.end();
```

在当前目录下打开命令行窗口，运行 client.js 文件，控制台中会输出如下的内容。

```
$ node client.js
<!DOCTYPE html>
<html>
    <head>
        <meta charset = "utf - 8">
    </head>
    <body>
        <h1>我的第一个标题</h1>
        <p>我的第一个段落。</p>
    </body>
</html>
```

5.1.2　事件驱动编程

Node 的核心理念是事件驱动编程，对于 Node.js 的开发人员来说，必须掌握这些事件，以及知道如何响应这些事件。实际上，如果学过 HTML，就会明白事件的概念，例如，在页面上添加一个按钮，然后绑定一个单击事件。服务器端的事件驱动和这个按钮的单击事件的道理是一样的。在 5.1.1 节的代码示例中，事件是隐含的，HTTP 请求就是要处理的事件。http.createServer()方法将函数作为一个参数,每次有 HTTP 请求发送过来就会调用该函数。

5.1.3 路由

路由就是 URL 到服务器端函数的一种映射,这个定义还是比较抽象的。可以举个生活中的例子,去电影院看电影,都会提前买好电影票,每张电影票都会有指定的座位,观众只需要根据电影票上的座位,找到自己的位置就可以了。把观众看作客户端的每次请求,然后URL 就是电影票,服务器端定义的路由就是观影大厅的座椅,浏览器的请求(观众)按照电影票上的座位号(URL)去找到自己的位置(服务器端路由函数)对号入座。

在服务器端定义一个路由时,要为路由提供请求的 URL 和其他需要的 GET 及 POST参数,随后路由需要根据这些数据来执行相应的代码。因此,需要查看 HTTP 请求,从中提取出请求的 URL 以及 GET/POST 参数。

服务器端所需要的所有的参数都在 request 对象中,该对象作为 onRequest()回调函数的第一个参数传递,但是解析这些数据还需要其他的 Node.js 模块,如 url 和 querystring 模块。querystring 模块还可以用来解析 POST 请求体中的参数。

创建 server.js 文件,在文件中编写服务器应用代码,为 onRequest()函数加上一些逻辑,用来找出浏览器请求的 URL 路径。示例代码如下。

```javascript
var http = require("http");
var url = require("url");

function start(){
  function onRequest(request, response){
    var pathname = url.parse(request.url).pathname;
    console.log("Request for " + pathname + " received.");
    response.writeHead(200, {"Content-Type": "text/plain"});
    response.write("Hello World");
    response.end();
  }

  http.createServer(onRequest).listen(8888);
  console.log("Server has started.");
}

start()
```

在当前目录下运行 server.js 文件,执行如下命令。

```
node server
```

服务器启动成功后在浏览器中访问 http://localhost:8888/,效果如图 5.2 所示。
访问成功后再看控制台的输出内容,获取到了 URL 中 pathname 的内容,效果如图 5.3所示。

图 5.2　通过路由访问

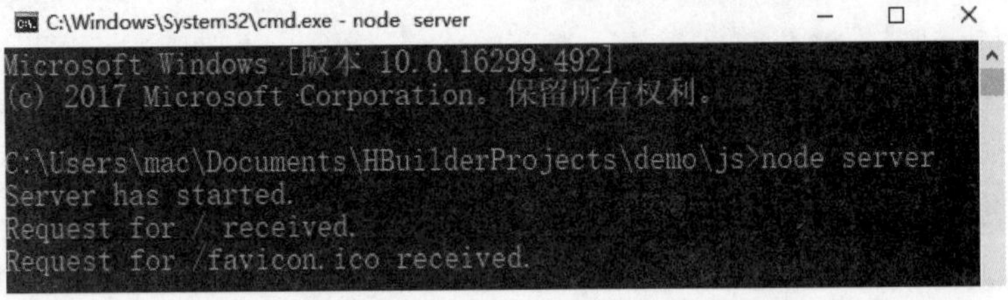

图 5.3　控制台输入 pathname 的内容

5.1.4　静态资源服务

还可以通过路由的方式，访问服务器端的静态资源文件，例如，一个 HTML 网页文件或一张图片，因为在访问这些文件时，文件内容不会发生任何变化，所以被称为"静态资源文件"。

Node 服务器对外提供静态资源文件的访问时，需要先使用 Node 读取到指定内容的内容，然后将这些内容发送给浏览器。所以，要先在项目中创建一个名为 public 的目录，用于存放这些静态文件。在这个目录下创建一些 HTML 文件，例如 home. html、about. html、notfound. html，再创建一个 img 子目录，在该子目录下存放一个 logo. jpg 图片。当这些文件都准备完毕后，就可以编写服务器端的路由配置代码了。示例代码如下。

```javascript
var http = require('http');
var fs = require('fs');

function serveStaticFile(res, path, contentType, responseCode){
    if (!responseCode) responseCode = 200;
    fs.readFile(__dirname + path, function(err, data) {
            if (err) {
        res.writeHead(500, {
                'Content - Type': 'text/plain'
        });
        res.end('500 - Internal Error');
    } else {
        res.writeHead(responseCode, {
                'Content - Type': contentType
```

```
        });
            res.end(data);
        }
    });
}

//规范化 URL,去掉查询字符串、可选的反斜杠,并把它变成小写
http.createServer(function(req, res) {
    var path = req.url.replace(/\/?(?:\?.*)?$/, '').toLowerCase();
    switch (path) {
        case '':
            serveStaticFile(res, '/public/home.html', 'text/html');
            break;
        case '/about':
            serveStaticFile(res, '/public/about.html', 'text/html');
            break;
        case '/img/logo.jpg':
            serveStaticFile(res, '/public/img/logo.jpg', 'image/jpeg');
            break;
        default:
            serveStaticFile(res, '/public/404.html', 'text/html', 404);
            break;
    }
}).listen(3000);

console.log('Server started on localhost:3000');
```

在上面的代码中,创建了一个辅助函数 serveStaticFile,它完成了大部分工作。fs. readFile 是读取文件的异步方法。这个函数有同步版本 fs. readFileSync,但这种异步思考问题的方式,在 Node 开发中还是很重要的。函数 fs. readFile 读取指定文件中的内容,当读取完文件后执行回调函数,如果文件不存在,或者读取文件时遇到许可权限方面的问题,会设定 err 变量,并且会返回一个 HTTP 500 的状态码表明服务器错误。如果文件读取成功,文件会带着特定的响应码和内容类型发给客户端。

5.2 请求与响应对象

扫码观看

5.2.1 URL 的组成部分

URL(Uniform Resource Locator,统一资源定位符)是计算机 Web 网络相关的术语,就是俗称的网址。每个网页都有属于自己的 URL 地址,而且所有地址都是具有唯一性。

HTTP URL 是以 http:// 和 https:// 开头的,完整的 URL 地址书写格式如下。

```
http://localhost:3000/about?id = 1&kw = hello
```

一个完整的 URL 主要是由以下几个部分组成的。

1. 协议

协议规定了如何传输请求,主要是处理 http 和 https,其他常见的协议还有 file 和 ftp。

2. 主机名

主机名是服务器的标识,运行在本地的计算机或者是本地网络的服务器可以使用一个单词(localhost)或一串数字(IP 地址)来表示。在因特网环境下,主机名通常是以一个顶级域名结尾,如 .com 或 .net。每个以域名表示的主机名,都可以设置多个子域名,俗称二级域名,其中 www 最为常见。

3. 端口

每一台服务器都有一系列端口号,一些端口号比较特殊,如 80 和 443 端口。如果省略端口值,那么默认 80 端口负责 HTTP 传输,443 端口负责 HTTPS 传输。如果不使用 80 和 443 端口,就需要一个大于 1023 的端口号。

4. 路径

URL 中影响应用程序的第一个组成部分通常是路径,路径是应用中的页面或其他资源的唯一标识。

5. 查询字符串

查询字符串是一种键值对集合,是可选的,它以问号(?)开头,键值对则以与号(&)分隔开。所有的名称和值都必须使用 URL 编码,JavaScript 提供了一个嵌入式的函数 encodeURIComponent 来处理。

6. 信息片段

信息片段被严格限制在浏览器中使用,不会传递到服务器,用它控制单页应用或 Ajax 富应用越来越普遍。最初,信息片段只是用来让浏览器展现文档中通过锚点标记指定的部分。

5.2.2　HTTP 请求方法

HTTP 是超文本传输协议,其定义了客户端和服务器端之间文本传输的规范。根据 HTTP 标准,HTTP 可以使用多种请求方法,在 HTTP 1.0 版本中定义了三种请求方法,分别是 GET、POST、HEAD 方法。到了 HTTP 1.1 版本中新增了六种请求方法,分别是 OPTIONS、PUT、PATCH、DELETE、TRACE 和 CONNECT 方法。

1. GET 请求

请求指定的页面信息,并返回实体主体。

2. POST 请求

向指定资源提交数据进行处理请求(例如提交表单或者上传文件)。数据被包含在请求体中。POST 请求可能会导致新的资源的建立和(或)已有资源的修改。

3. HEAD 请求

类似于 GET 请求,只不过返回的响应中没有具体的内容,用于获取报头。

4. PUT 请求

从客户端向服务器传送的数据取代指定的文档内容。

5. DELETE 请求

请求服务器删除指定的页面。

6. CONNECT 请求

HTTP 1.1 协议中预留给能够将连接改为管道方式的代理服务器。

7. OPTIONS 请求

允许客户端查看服务器的性能。

8. TRACE 请求

回显服务器收到的请求,主要用于测试或诊断。

9. PATCH 请求

是对 PUT 方法的补充,用来对已知资源进行局部更新。

5.2.3 请求报头

在浏览网页时,发送到服务器的并不只是 URL,当访问一个网站时,浏览器会发送很多数据信息,这些信息包含用户的设备信息,如浏览器、操作系统、硬件设备等,还包含一些其他信息。所有这些用户信息都将会作为请求报头发送给服务器。在服务器端也可以查看浏览器发送过来的这些信息,以 Express 为例,可以在路由的函数中获取到这些信息。示例代码如下。

```javascript
app.get('/headers', function(req, res) {
    res.set('Content-Type', 'text/plain');
    var s = '';
    for (var name in req.headers) s += name + ': ' + req.headers[name] + '\n';
    res.send(s);
});
```

5.2.4 响应报头

浏览器以请求报头的形式发送用户信息到服务器,当服务器响应时,同样会回传一些浏览器没有必要渲染和显示的信息,通常是元数据和服务器信息。内容类型头信息,用来告诉浏览器正在被传输的内容类型,浏览器都根据内容类型来做进一步处理。除了内容类型之外,报头还会指出响应信息是否被压缩,以及使用的是哪种编码。响应报头还可以包含关于浏览器对资源缓存时长的提示,这对于优化网站是非常重要的。响应报头还经常会包含一些关于服务器的信息,一般会指出服务器的类型,有时甚至会包含操作系统的详细信息。

向浏览器返回服务器信息存在着一定的风险,会给黑客留下可乘之机,从而使站点陷入危险。对安全要求比较高的服务器需要忽略这些信息,甚至提供虚假的信息。以 Express 为例,如果要禁用 X-Powered-By 头信息,可以使用下面的代码。

```javascript
app.disable('x-powered-by');
```

在浏览器开发者工具中可以找到响应头信息。例如,在 Chrome 浏览器中查看响应报头信息可以在开发者工具中的 Network 栏目中查看。

5.2.5 请求体

除了请求报头外,请求还需要一个主体,一般 GET 请求没有主体内容,但是 POST 请求是有的。POST 请求主体最常见的媒体类型是 application/x-www-form-urlendcoded,是键值对集合的简单编码,用 & 符号分隔。如果 POST 请求需要支持文件上传,则媒体类型是 multipart/form-data,它是一种更为复杂的格式。最后是 Ajax 请求,它可以使用 application/json。

5.2.6 参数

对于任何一个请求,参数可以来自查询字符串、请求的 Cookies、请求体或指定的路由参数。在 Node 应用中,请求对象的参数方法会重写所有的参数。

5.2.7 请求对象

请求对象通常会被传递到回调方法中,对于请求对象的形参,会被命名为 req 或 request。请求对象的生命周期始于 Node 的一个核心对象 http.IncomingMessage 的实例。在 Express 中添加了一些新的功能,请求对象的属性和方法除了 Node 提供的 req.headers 和 req.url 之外,所有的方法都是由 Express 提供的。

req.params:包含命名过的路由参数。

req.param(name):返回命名的路由参数,或者 GET 请求或 POST 请求参数。

req.query:包含以键值对存放的查询字符串参数(通常称为 GET 请求参数)。

req.body:包含 POST 请求参数。

req.route:关于当前匹配路由的信息,主要用于路由调试。

req.cookies:包含从客户端传递过来的 Cookies 值。

req.singnedCookies:用法与 req.cookies 相同。

req.headers:从客户端接收到的请求报头。

req.accepts([types]):用来确定客户端是否接受一个或一组指定的类型。

req.ip:客户端的 IP 地址。

req.path:请求路径(不包含协议、主机、端口或查询字符串)。

req.host:用来返回客户端所报告的主机名。

req.xhr:如果请求由 Ajax 发起将会返回 true。

req.protocol:用于标识请求的协议(HTTP 或 HTTPS)。

req.secure:如果连接是安全的,将返回 true。等同于 req.protocol==='https'。

req.url:返回了路径和查询字符串(它们不包含协议、主机或端口)。

req.originalUrl:返回了路径和查询字符串,但会保留原始请求和查询字符串。

req.acceptedLanguages:用来返回客户端首选的一组语言。

5.2.8 响应对象

响应对象通常会被传递到回调函数中,作为回调函数的形参,会被命名为 res、resp 或 response。响应对象的生命周期始于 Node 核心对象 http.ServerResponse 的实例。Express 中添加了一些附加功能,响应对象的属性和方法都是由 Express 提供的。

res.status(code):用于设置 HTTP 状态代码。Express 默认为 200。

res.set(name,value):用于设置响应头。

res. cookie(name,value,[options]): 用于设置客户端 Cookies 值。

res. clearCookie(name,[options]): 用于清除客户端 Cookies 值。

res. redirect([status],url): 重定向浏览器。默认重定向代码是 302。

res. send([status],body): 用于向客户端发送响应及可选的状态码。

res. json([status],json): 向客户端发送 JSON 以及可选的状态码。

res. jsonp([status],json): 向客户端发送 JSONP 及可选的状态码。

res. type(type): 用于设置 Content-Type 头信息。

res. format(object): 该方法允许根据接收请求报头发送不同的内容。

res. attachment([filename]): 将响应报头 Content-Disposition 设置为 attachment。

res. download(path,[filename],[callback]): 会将响应报头 Content-Disposition 设为 attachment,可以指定要下载的文件。

res. sendFile(path,[option],[callback]): 根据路径读取指定文件并将内容发送到客户端。

res. links(links): 用于设置链接响应报头。

res. locals: 包含用于渲染视图的默认上下文。

res. render(view,[locals],callback): 使用配置的模板引擎渲染视图,默认响应代码为 200。

第6章　Express 框架

6.1　Express 框架简介

Express 是一个基于 Node.js 平台的快速、开放、极简的 Web 开发框架，为 Web 和移动应用程序提供一组强大的功能。

1. 极简

极简是 Express 最大的特点之一，Express 的哲学是在人的想法和服务器之间充当一个极其简单的中间层。简单并不意味着不够健壮，Express 具有高可用的特性，而且尽可能地以开发者为中心，为开发者提供充分表达自己思想的空间，同时提供一些有用的特性。

2. 开放

Express 框架的另外一个特点就是可扩展性。Express 提供了一个非常精简的框架，开发者可以根据自己的需求添加 Express 功能中的不同部分，替换掉不能满足需求的部分。这种特性是其他很多框架所不具备的，通常情况下，使用一个 Web 框架，还没有写一行代码，仅仅是配置文件就已经让整个项目显得很臃肿了。在 Web 程序的开发过程中，最想做的就是把不需要的功能砍掉。Express 则采取了截然不同的方式，让用户在需要时才去添加相应的功能。

TJ Holowaychuk 在 Sinatra 的启发下创建了 Express 框架，而 Sinatra 是一个基于 Ruby 构建的框架。所以，Express 也是借鉴 Ruby 的优势，让 Web 开发变得更快、更高效、更可维护，并衍生了大量的 Web 开发方式。

扫码观看

6.2　Express 框架安装与配置

6.2.1　安装 Express

Express 是基于 Node.js 的一个 Web 框架，官网为 http://expressjs.com/。Express 很轻巧，通常用来做 Web 后端的开发。在使用之前需要先安装 Express 模块，可以直接使用 npm 的命令进行安装。安装命令如下。

```
npm install express
```

如果计算机上配置好了淘宝镜像，也可以使用 cnpm 命令来安装，命令如下。

```
cnpm i express
```

Express 模块安装好之后，在计算机硬盘上创建一个文件，例如 D:/project/myapp/index.js，在文件中引入 express 模块，示例代码如下。

```
//引入 express 模块
var express = require('express');

//创建 express 实例
var app = express();

//响应 HTTP 的 GET 方法
app.get('/', function (req, res) {
  res.send('Hello World!');
});

//监听到 3000 端口
app.listen(3000, function () {
  console.log('server run success!');
});
```

在 index.js 所在的目录下启动命令行工具，并执行下面的命令来启动服务，命令如下。

```
node index.js
```

在浏览器中访问 http://localhost:3000/，效果如图 6.1 所示。

express 模块有一个命令行工具 express，可以用来生成基于 express 模块的 Web 应用结构。express 4.x 之后的版本，express 命令就被独立出来了，被放到了 express-generator 模块中。全局安装 express-generator 模块的命令如下。

图 6.1　浏览器中访问的效果

```
npm install – g express – generator
```

安装完成后，就可以使用 express 命令来创建一个 Web 项目了。在项目的根目录下启动命令行工具，执行下面的命令。

```
express myapp
```

命令运行成功的效果如图 6.2 所示。

第6章

Express 框架

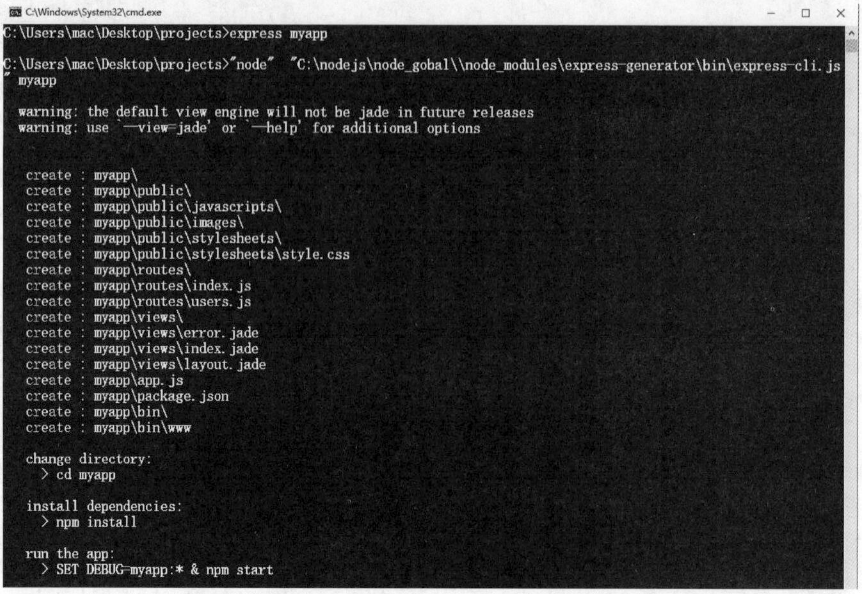

图 6.2 创建 myapp 项目

图 6.3 Express 项目首页

依次执行下面两个命令。

```
#切换到项目目录
cd myapp

#初始化依赖
npm install

#启动服务器
npm start
```

服务器启动成功后，在浏览器中访问 http://localhost:3000/，效果如图 6.3 所示。

6.2.2 Express 目录结构

Node 和 Express 没有严格的文件和目录结构，可以用喜欢的目录结构搭建自己的 Web 应用。在项目中，不同的目录负责不同的业务，要尽量使用 MVC 的设计模式。使用 express 命令创建的项目，目录结构如图 6.4 所示。

项目的目录结构说明如下。

bin：管理启动项目的脚本文件。

mode_modules：管理所有的项目依赖库。

public：用于管理静态资源的文件夹。

routes：用于管理路由文件，相当于 MVC 中的 Controller。

views：用于管理页面文件，相当于 MVC 中的 view。

package.json：项目依赖配置及开发者信息。

图 6.4 Express 项目结构

app.js：应用核心配置文件，项目入口文件。

6.2.3 Express 的路由管理

路由是用于确定应用程序如何响应对特定端点的客户机请求，包含一个 URI（或路径）
和一个特定的 HTTP 请求方法。每个路由可以具有一个或多个处理程序函数，这些函数在
路由匹配时执行。Express 中定义路由的语法如下。

```
app.METHOD(PATH, HANDLER)
```

其中，app 是 express 的实例；METHOD 是 HTTP 请求方法；PATH 是服务器上的路
径；HANDLER 是在路由匹配时执行的函数。

下面举例说明如何定义简单的路由，示例代码如下。

```
//get 请求
app.get('/', function (req, res) {
  res.send('Hello World!');
});

//post 请求
app.post('/', function (req, res) {
  res.send('Got a POST request');
});

//put 请求
app.put('/user', function (req, res) {
  res.send('Got a PUT request at /user');
});

//delete 请求
app.delete('/user', function (req, res) {
  res.send('Got a DELETE request at /user');
});
```

6.2.4 Express 的视图管理

Express 支持很多模板引擎，其中最常用的有以下几个。

（1）嵌入 JavaScript 模板引擎 EJS。

（2）基于 haml.js 实现的 Haml。

（3）Jade 模板引擎，也是 Express 默认的模板引擎。

（4）基于 CoffeeScript 的模板引擎 CoffeeKup。

视图引擎（view engine）作为编程术语，其主要意思是指进行视图渲染的模块。而
Express 框架并没有指定必须使用哪种视图引擎，只要该视图引擎的设计符合 Express API
规范，就可以将其应用到工程中。

在本节中以 EJS 为例，来看一下 Express 视图引擎的渲染过程。先在项目的路由中使
用 render()方法渲染视图，示例代码如下。

```
var express = require("express");
var path = require("path");
var app = express();

app.set("view engine", "ejs");

app.set("views", path.resolve(__dirname, "views"));

app.get("/", function(req, res) {
    res.render("index");
});

app.listen(3000);
```

在运行上面的代码之前,需要通过 npm install 安装 EJS 和 Express,在安装完成后访问应用主页,程序就会寻找 views/index.ejs 文件并使用 EJS 模板引擎对其进行渲染。另外,项目中一般都只会使用一种视图引擎,因为多个引擎会给项目带来不必要的复杂性。

Express 在每次调用 render() 方法时,都会创建上下文对象,并且在进行渲染时会传入到视图引擎中。实际上,这些上下文对象就是会在视图中使用到的变量。Express 首先会将所有请求都公用的 app.local 对象中已存在的属性添加到视图中。然后添加 res.locals 中的属性并对可能与 app.local 冲突的属性进行覆盖操作。最后,添加 render 调用处的属性并且也可能进行覆盖操作。例如,访问 /about 路径时,上下文对象就包含三个属性:appname、userAgent、currentUser;访问 /contact 路径时,上下文对象的属性就只有 appname、userAgent;而进行 404 处理时,上下文对象的属性就变成了 appname、userAgent、urlAttempted。

EJS 是 Express 中最简单也是最受欢迎的视图引擎之一。它可以为字符串、HTML、纯文本创建模板,而且它的集成也非常简单。它在浏览器和 Node 环境中都能正常工作。它与 Ruby 中的 ERB 语法非常类似。

6.3　Express 中间件

6.3.1　中间件的概念

中间件是一种处理 HTTP 请求功能的封装方式。简单来说,中间件就是一个函数,在响应发送之前对请求进行一些操作。在 Express 应用中,通过调用 app.use() 方法向路由中插入中间件。中间件有三个参数,分别是请求对象、响应对象、next 函数。中间件函数的第三个参数 next 也是一个函数,它表示函数数组中的下一个函数。示例代码如下。

```
function middleware(req, res, next){
    //做该干的事

    //做完后调用下一个函数
    next();
}
```

express 内部维护一个函数数组,这个函数数组表示在发出响应之前要执行的所有函数,也就是中间件数组。使用 app.use(fn) 方法,传进来的 fn 就会被扔到这个数组中,执行完毕后调用 next() 方法执行函数数组里的下一个函数,如果没有调用 next() 的话,就不会调用下一个函数了,也就是说调用就会被终止。

6.3.2 Express 中间件的使用

可以把整个 HTTP 请求的过程看作一个水管送水的过程,中间件就是在管道中执行的。水从一端的水泵中流出,然后在到达水龙头之前还会经过各种仪表和阀门,如果把压力表放在阀门之前或之后,效果是不同的。同样地,如果在某个阀门处注入一些其他原料,那下游的所有水体中都含有这种新的原料。在 Express 中通过调用 app.use() 方法向路由中插入中间件,就类似在阀门处注入新原料的过程。

中间件和路由是按它们的连接顺序调用的,示例代码如下。

```
/**
 * express 中间件的实现和执行顺序
 *
 * Created by BadWaka on 2017/3/6.
 */
var express = require('express');

var app = express();
app.listen(3000, function () {
    console.log('listen 3000...');
});

function middlewareA(req, res, next){
    console.log('middlewareA before next()');
    next();
    console.log('middlewareA after next()');
}

function middlewareB(req, res, next){
    console.log('middlewareB before next()');
    next();
    console.log('middlewareB after next()');
}

function middlewareC(req, res, next){
    console.log('middlewareC before next()');
    next();
    console.log('middlewareC after next()');
}

app.use(middlewareA);
app.use(middlewareB);
app.use(middlewareC);
```

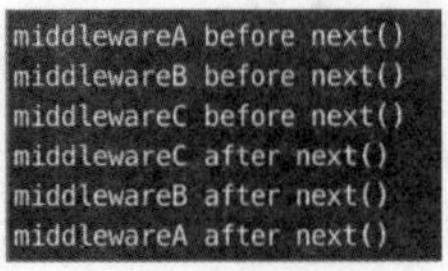

```
middlewareA before next()
middlewareB before next()
middlewareC before next()
middlewareC after next()
middlewareB after next()
middlewareA after next()
```

图 6.5　中间件执行结果

上面代码执行后的结果如图 6.5 所示。

通过上面的代码示例，可以看到在执行完下一个函数后又会回到之前的函数执行 next()之后的部分，这也是中间件的一个特性。

6.3.3　自定义 Express 中间件

在了解了 Express 中间件的概念以及 app. use()方法的用法之后，来自己实现一个简单的中间件。示例代码如下。

```javascript
var http = require('http');

function express(){

    var funcs = [];
    var app = function (req, res){
        var i = 0;

        function next(){
            var task = funcs[i++];
            if (!task){
                return;
            }
            task(req, res, next);
        }

        next();
    }

    //use 方法就是把函数添加到函数数组中
    app.use = function (task){
        funcs.push(task);
    }

    return app;
}

//测试中间件
var app = express();
http.createServer(app).listen('3000', function () {
    console.log('listening 3000....');
});

function middlewareA(req, res, next){
    console.log('middlewareA before next()');
    next();
    console.log('middlewareA after next()');
}
```

```
function middlewareB(req, res, next){
    console.log('middlewareB before next()');
    next();
    console.log('middlewareB after next()');
}

function middlewareC(req, res, next){
    console.log('middlewareC before next()');
    next();
    console.log('middlewareC after next()');
}

app.use(middlewareA);
app.use(middlewareB);
app.use(middlewareC);
```

上面代码的运行结果如图 6.6 所示。

在上面的示例代码中用到了两个闭包,并且给 app 这个函数添加了一个 use 方法,当每次调用 use 方法时,就把传进来的函数放到 express 内部维护的一个函数数组中。

```
middlewareA before next()
middlewareB before next()
middlewareC before next()
middlewareC after next()
middlewareB after next()
middlewareA after next()
```

图 6.6　自定义中间件运行结果

6.3.4　常用的中间件

在 Express 4.0 之前,Express 中绑定了 Connect,其中包含大部分常用的中间件,看起来这些中间件就像是 Express 的一部分。到 Express 4.0,Connect 从 Express 中移除了,随着这个改变,一些 Connect 中间件也从 Connect 中分离出来成为一个独立的项目。从 Express 中剥离中间件可以让 Express 不用再维护那么多的依赖项,并且这些独立的项目可以独立于 Express 而自行发展。常用的中间件如下。

basicAuth,提供基本的访问授权。

body-parser,用于连入 json 和 urlencoded 的便利中间件。

json,解析 JSON 编码的请求体。

urlencoded,解析媒体类型为 application/x-www-form-urlencoded 的请求体。

compress,用 gzip 压缩响应数据。

cookie-session,提供 Cookie 存储的会话支持。

express-session,提供会话 ID 的会话支持。

csurf,防止跨域请求伪造(CSRF)攻击。

directory,提供静态文件的目录清单支持。

errorhandler,为客户端提供栈追踪和错误消息。

static-favicon,提供 favicon 图标的显示,使用该中间件可以提升性能。

morgan,提供自动日志记录支持,所有请求都会被记录。

method-override,提供对 x-http-method-override 请求头的支持。

query,解析查询字符串,并将其变成请求对象上的 query 属性。

response-time,向响应中添加 X-Response-Time 头,提供以 ms 为单位的响应时间。

static,提供对静态文件的支持。

6.4 Express 中的 MVC

6.4.1 MVC 概述

MVC 是 Model(模型)、View(视图)、Controller(控制)三个单词的首字母缩写,MVC 模式是一种架构模式,这种模式不仅适用于软件开发,也适用于其他广泛的设计和组织工作。

MVC 模式从结构上看,分为以下三层。

(1) 视图层(View),是最上面的一层,直接面向终端用户,为用户提供操作界面。

(2) 数据层(Model),最底下的一层,也是最核心的一层,是程序需要操作的数据或信息。

(3) 控制层(Controller),是中间的一层,负责根据用户从"视图层"输入的指令,选取"数据层"中的数据,然后对其进行相应的操作,产生最终结果。

这三层是紧密联系在一起的,但又相互独立,每一层内部的变化不影响其他层。每一层对外提供接口,以供上一层调用。这样一来,软件就可以实现模块化,修改外观或者变更数据都不用修改其他层,做到了很好的解耦,提高了程序的可维护性和可扩展性。

6.4.2 模型

模型在整个项目结构中是最重要的组成部分,也是项目的基石。在开发过程中,应该尽可能地避免其他层的代码对模型层造成损坏,即使你觉得模型层是多余的存在,也千万不能忽略模型的重要性。

在理想的状态下,模型和持久层是可以完全分开的,但是在实际的开发中,模型层对持久层有很强的依赖性,如果强行分开的话,会造成无法预知的后果。

本节使用 mongoose 来定义模型,在项目中创建 models 的子目录用来存放模型。只要是关于实现业务逻辑或者是要存储数据,都应该在 models 目录下的子文件中完成。例如,把客户数据和逻辑放在文件 models/customer.js 中。示例代码如下。

```javascript
var mongoose = require('mongoose');
var Orders = require('./orders.js');
var customerSchema = mongoose.Schema({
    firstName: String,
    lastName: String,
    email: String,
    address1: String,
    address2: String,
    city: String,
    state: String,
    zip: String,
    phone: String,
    salesNotes: [{
            date: Date,
            salespersonId: Number,
```

```
            notes: String,
    }]
});
customerSchema.methods.getOrders = function(){
    return Orders.find({
            customerId: this._id
    });
};
var Customer = mongoose.model('Customer', customerSchema);
modules.export = Customer;
```

6.4.3 视图模型

可以创建视图层,然后将模型的数据直接传递给视图,但是这种操作会很容易让模型中的数据暴露给用户。可以创建视图模型,视图模型算是视图层和模型层的中间层,有了视图模型可以更好地保持模型层的抽象性,同时还能为视图提供数据。

例如,项目中有个 Customer 模型用于保存客户信息,需要再创建一个用于展示客户信息的视图层,如果是直接使用 Customer 模型的话,会出现一系列的问题。如果有一些信息不适合在视图层中展示出来,并且还要对邮件地址或电话号码等数据进行格式化操作,这时的 Customer 模型就不太好用了。需要在 viewModels/customer.js 中创建一个视图模型。示例代码如下。

```
var Customer = require('../model/customer.js'); //联合各域的辅助函数
function smartJoin(arr, separator){
    if (!separator) separator = '';
    return arr.filter(function(elt) {
            return elt !== undefined && elt !== null &&
elt.toString().trim() !== '';
    }).join(separator);
}
module.exports = function(customerId){
    var customer = Customer.findById(customerId);
    if (!customer) return {
            error: 'Unknown customer ID: ' + req.params.customerId
    };
    var orders = customer.getOrders().map(function(order) {
            return {
                    orderNumber: order.orderNumber,
                    date: order.date,
                    status: order.status,
                    url: '/orders/' + order.orderNumber
            }
    });
    return {
            firstName: customer.firstName,
            lastName: customer.lastName,
```

```
            name: smartJoin([customer.firstName, customer.lastName]),
            email: customer.email,
            address1: customer.address1,
            address2: customer.address2,
            city: customer.city,
            state: customer.state,
            zip: customer.zip,
            fullAddress: smartJoin([customer.address1, customer.address2, customer.city +
', ' + customer.state + '' + customer.zip], '< br>'),
            phone: customer.phone,
            orders: customer.getOrders().map(function(order) {
                    return {
                            orderNumber: order.orderNumber,
                            date: order.date,
                            status: order.status,
                            url: '/orders/' + order.orderNumber,
                    }
            }),
        }
    }
```

在上面的示例代码中,可以看到是如何格式化一些信息的,甚至重新构造了额外的信息。视图模型的概念对于保护模型的完整性和范围是必不可少的。

6.4.4　控制器

控制层负责处理用户交互,并且根据用户交互选择恰当的视图来显示。控制器看起来很像请求路由,它们之间唯一的区别是控制器会把相关功能归组。例如,一个处理客户信息的控制器,主要功能是显示和编辑客户信息,也包括客户下的订单。创建控制器 controller/customer. js 文件,示例代码如下。

```
var Customer = require('../models/customer.js');
var customerViewModel = require('../viewModels/customer.js');
exports = {
    registerRoutes: function(app) {
            app.gct('/customer/:id', this.home);
            app.get('/customer/:id/preferences', this.preferences);
            app.get('/orders/:id', this.orders);
            app.post('/customer/:id/update', this.ajaxUpdate);
    }
    home: function(req, res, next) {
            var customer = Customer.findById(req.params.id);
            if (!customer) return next(); //将这个传给 404 处理器
res.render('customer/home', customerViewModel(customer)); }preferences: function(req, res,
next) {
            var customer = Customer.findById(req.params.id);
            if (!customer) return next(); //将这个传给 404 处理器
```

```
res.render('customer/preferences', customerViewModel(customer)); }orders: function(req, res,
next) {
         var customer = Customer.findById(req.params.id);
         if (!customer) return next(); //将这个传给 404 处理器
res.render('customer/preferences', customerViewModel(customer)); }ajaxUpdate: function(req,
res) {
         var customer = Customer.findById(req.params.id);
         if (!customer) return res.json({
                 error: 'Invalid ID.'
         });
         if (req.body.firstName) {
                 if (typeof req.body.firstName !== 'string' || req.body.firstName.trim()
=== '')
                 return res.json({error: 'Invalid name.'});
                 customer.firstName = req.body.firstName;
         }
         customer.save();
         return res.json({
                 success: true
         });
    }
}
```

在这个控制器中，将路由管理和真正的功能分开了。代码中的 home、preferences、
orders 方法除了所选的视图不同，其他都是一样的。在 Express 项目中，控制器处理的业务
逻辑是和路由分开的，这样写的代码会更加严谨。

第7章 静态资源

7.1 网站中的静态资源

7.1.1 什么是静态资源

在学习静态资源之前,先来探讨一个问题,什么是静态网站和动态网站?

静态网站是最初的建站方式,浏览者所看到的每个页面都是建站者上传到服务器的一个 HTML 文件,这种网站每增加、删除、修改一个页面,都必须重新对服务器的文件进行一次下载上传。网页内容一经发布到网站服务器上,无论是否有用户访问,每个静态网页的内容都是保存在网站服务器上的,也就是说,静态网页是实实在在保存在服务器上的文件,每个网页都是一个独立的文件。静态网页没有数据库的支持,在网站制作和维护方面工作量较大,因此当网站信息量很大时,完全依靠静态网页制作的方式来搭建网站会显得比较困难。

静态网站可以理解为前端的固定页面,这里面包含 HTML 文件、CSS 文件、JavaScript 文件、图片等,不需要查数据库也不需要程序处理,直接就能够显示页面,如果想修改内容则必须修改页面。虽然操作起来很烦琐,但是这种静态网站的访问效率是非常高的。

了解过静态网站之后,再来看一下什么是动态网站。所谓“动态”,并不是指网页上简单的 GIF 动态图片或是 Flash 动画。动态网站的概念现在还没有统一标准,但都具备以下几个基本特征。

(1) 交互性:网页会根据用户的要求和选择而动态地改变和响应,浏览器作为客户端,成为一个动态交流的桥梁,动态网页的交互性也是今后 Web 发展的潮流。

(2) 数据自动更新:即无须手动更新 HTML 文件,页面中的内容也可以实现自动更新,可以大大节省工作量。

(3) 实时动态更新:即当不同时间、不同用户访问同一网址时会出现不同页面。

动态网站在页面里嵌套了程序,这种网站对更新较快的信息页面进行内容与形式的分离,将信息内容以记录的形式存入了网站的数据库中,以便于网站各个页面的调用。这样,用户看到的页面不一定是服务器上的一个静态 HTML 文件,可能是通过数据库查询到的数据,然后渲染到网页中的。动态与静态的根本区别在于服务器端运行状态不同。

网站中的静态资源是指应用程序不会基于每个请求而去改变的资源。常见的静态资源有以下几种。

(1) 多媒体,包括图片、视频、音频文件。

（2）CSS 样式文件，即便使用 Sass/Less 或 Stylus 这样的抽象 CSS 语言，最后浏览器需要的还是普通 CSS。

（3）JavaScript 脚本文件，服务器端运行的 JavaScript 文件并不同于客户端浏览器中的 JavaScript 脚本文件，客户端 JavaScript 脚本文件是静态资源。

（4）二进制下载文件，包括 PDF、压缩文件、安装文件等类似的资源文件。

在上面的静态资源中没有 HTML 文件，虽然在项目的实际开发中，也会使用类似于 .html 作为 URL 的结尾，但是更多的时候使用这种 URL 是为了便于搜索引擎抓取而做的一种伪静态操作。所以，这里没有把 HTML 文件作为静态资源文件来讨论。

7.1.2　静态资源对性能的影响

在 Web 应用程序开发中，如何处理静态资源文件对应用程序的性能有很大的影响，特别是网站中有很多多媒体文件时。在性能上主要考虑两点：减少请求次数和缩减内容的大小。

其中，减少 HTTP 请求的次数最为关键，特别是对移动端来说，通过移动设备发起一次 HTTP 请求：对性能的开销会比较高。有两种方法可以减少 HTTP 请求的次数：合并资源和浏览器缓存。

合并资源主要是架构和前端问题，要尽可能多地将小图片合并到一个子画面中。然后用 CSS 设定偏移量和尺寸只显示图片中需要展示的部分。

浏览器缓存会在客户端浏览器中存储通用的静态资源，这对减少 HTTP 请求提供了很好的帮助。尽管浏览器做了很大努力让缓存尽可能自动化，但很难做到极致的完美。

还有一种性能优化的方式，就是通过压缩静态资源的大小来提升性能。有些技术是无损的压缩，意思是不丢失任何数据就可以实现资源大小的缩减；有些技术是有损的，通过降低静态资源的品质实现资源大小的缩减。无损技术包括 JavaScript 和 CSS 的缩小化，以及 PNG 图片的优化。有损技术包括增加 JPEG 和视频的压缩等级。

7.2　Web 应用中的静态资源

把 Web 应用部署到生产环境后，静态资源必须放在服务器端的本地硬盘中，如果有过静态网站开发经历，应该很好理解 HTML 静态文件部署到服务器的过程。在启动 Node 或 Express 服务器时，会提供所有的 HTML 和静态资源，如果想让服务器性能提升到最佳状态，要尽量将静态资源托管给内容发布网络 CDN。CDN 是专门为提供静态资源而优化的服务器，它利用特殊的头信息启动浏览器缓存。另外，CDN 还能基于地理位置进行优化，也就是说，它们可以从地理位置上更接近客户端的服务器发布静态内容。

7.2.1　静态映射

在编写 HTML 时，没有必要关注静态资源存放的位置，更多的是要关心静态资源的逻辑组织，也就是映射的问题。要把不太具体的路径映射到更具体的路径上面，开发者可以很方便地修改这种映射。

举个例子,把所有的静态资源的查找路径都以斜杠开头,映射器需要用几种不同的文件,所以要进行模块化。示例代码如下。

```
var baseUrl = '';
exports.map = function(name){
        return baseUrl + name;
}
```

在上面的示例代码中什么都没有做,只是将参数直接返回,通过这种模块化的操作,可以从配置文件中读取 baseURL 的值。

7.2.2 视图中的静态资源

视图中的静态资源最容易处理,可以创建一个 Handlebars 辅助函数,让它给出一个到静态资源的链接。示例代码如下。

```
//设置 handlebars 视图引擎
var handlebars = require('express3 - handlebars').create({
    defaultLayout: 'main',
    helpers: {
            static: function(name) {
                    return require('./lib/static.js').map(name);
            }
    }
});
```

在上面的示例代码中,添加了一个 Handlebars 辅助函数 static,让它调用静态资源映射器。接下来修改 main. layout,在模板文件中使用这个辅助函数来加载图片,示例代码如下。

```
< header >
    < img src = "{{static '/img/logo.jpg'}}" alt = "Meadowlark Travel Logo">
</header >
```

启动项目后在浏览器中访问网站,根本看不出有什么不同,在检查代码时,会看到图片的路径为 /img/meadowlark_logo.jpg,跟之前预期的一样。接下来会花些时间把视图和模板中所有对静态资源的引用都做成这种形式,修改完之后就可以把 HTML 中的所有静态资源都挪到 CDN 上。

7.2.3 CSS 中的静态资源

CSS 要稍微复杂点,因为 Handlebars 模板引擎中不支持生成 CSS。然而像 Less、Sass 和 Stylus 这样的 CSS 预处理器都支持变量,在这三个流行的预处理器中,以 Less 为例,实现为页面添加背景图,示例代码如下。

```
body{
    background - image: url("/img/background.png");
}
```

Less 是向后兼容 CSS 的,所以整个代码看起来和 CSS 很像,任何有效的 CSS 代码都可以作为 Less 代码。需要把 CSS 文件挪到 Less 中,这里需要使用 Grunt 模块完成编译。安装 Grunt 模块的命令如下。

```
npm install -- save - dev grunt - contrib - less
```

然后修改 Gruntfile.js。将 grunt-contrib-less 添加到 Grunt 任务列表中加载,然后将下面的代码添加到 grunt.initConfig 中,示例代码如下。

```
less:{
    development: {
            files: {
                    'public/css/main.css': 'less/main.less',
            }
    }
}
```

运行 grunt less 命令,执行成功后就会看到 CSS 文件了。把它链入布局文件,在 < head > 中添加如下代码。

```
<!-- ... -->
< link rel = "stylesheet" href = "{{static /css/main.css}}">
</head >
```

在代码中使用 static 辅助函数,虽然这不能解决生成的 CSS 文件中链接到 /img/background.png 的问题,但它确实给 CSS 文件本身创建了可重定位的链接。

现在框架已经搭好了,接下来要让 CSS 文件中用的 URL 也可重定位。首先将静态映射器作为 Less 的定制函数。这些都可以在 Gruntfile.js 中完成,示例代码如下。

```
less:{
    development: {
            options: {
                customFunctions: {
                    static: function(lessObject, name) {
                        return '
url("' + require('./lib/static.js').map(name.value) + '")';
                    }
                }
            }
            ,
            files: {
                    'public/css/main.css': 'less/main.less',
            }
    }
}
```

注意,给映射器的输出添加了标准的 CSS URL 指定器和双引号,这可以确保 CSS 是有效的。现在只需修改 Less 文件 less/main. less,示例代码如下。

```
body{
    background - image: static("/img/background.png");
}
```

注意,真正的改变只是 URL 变成了 static。

扫码观看

7.3　搭建静态资源服务器

7.3.1　什么是静态资源服务器

静态资源就是不会被服务器的动态运行所改变的文件,在服务器开始运行之前到服务器运行结束之后,静态资源文件的状态不会发生任何改变,例如,. js 文件,. css 文件,. html文件,这些都是静态资源。静态资源服务器就是为客户端提供静态资源访问功能的服务器程序。

7.3.2　使用 Node 搭建静态资源服务器

有 Express 框架使用经验的读者都知道,在项目中使用 express. static()可以实现静态资源文件的访问,示例代码如下。

```
app.use(express.static('public'))
```

在本节中要实现的是 express. static()方法背后的工作原理。

首先,实现基本的功能。在本地硬盘上创建一个 nodejs-static-webserver 目录,在目录内运行 npm init 初始化一个 package. json 文件。

```
mkdir nodejs - static - webserver && cd " $ _ "

//initialize package.json
npm init
```

接下来,再创建如下文件目录。

```
-- config
---- default.json
-- static - server.js
-- app.js
```

default. js 中存放一些默认配置,如端口号、静态文件目录(root)、默认页(indexPage)等。示例代码如下。

```
{
    "port": 8080,
    "root": "/Users/Public",
    "indexPage": "index.html"
}
```

在客户端浏览器发送一个请求，例如 http://localhost:8080/，服务器接收到请求后，如果根据 root 映射后得到的目录内有 index.html，那么就会根据默认配置向客户端发回 index.html 文件的内容。static-server.js 文件的示例代码如下。

```
const http = require('http');
const path = require('path');
const config = require('./config/default');

class StaticServer{
    constructor(){
        this.port = config.port;
        this.root = config.root;
        this.indexPage = config.indexPage;
    }

    start(){
        http.createServer((req, res) => {
            const pathName = path.join(this.root, path.normalize(req.url));
            res.writeHead(200);
            res.end('Requeste path: ${pathName}');
        }).listen(this.port, err => {
            if (err){
                console.error(err);
                console.info('Failed to start server');
            } else {
                console.info('Server started on port ${this.port}');
            }
        });
    }
}

module.exports = StaticServer;
```

在这个模块文件内声明了一个 StaticServer 类，并给其定义了 start 方法，在该方法体内，创建了一个 server 对象，监听 request 事件，并将服务器绑定到配置文件指定的端口。在这个阶段，对于任何请求都暂时不做区分，只简单地返回请求的文件路径。path 模块用来规范化连接和解析路径，这样就不用特意处理操作系统间的差异了。

app.js 文件的示例代码如下。

第7章

静态资源

```
const StaticServer = require('./static - server');

(new StaticServer()).start();
```

在这个文件内调用上面的 static-server 模块,并创建一个 StaticServer 实例,调用其 start 方法,启动了一个静态资源服务器。这个文件后面不需要做其他修改,所有对静态资源服务器的完善都发生在 static-server.js 内。

在项目目录下执行 node app.js 命令启动程序,启动成功后会在控制台看到如下日志内容。

```
> node app.js

Server started on port 8080
```

在浏览器中访问,就可以看到服务器将请求路径直接返回了。

读取文件之前,要用 fs.stat()方法检测文件是否存在,如果文件不存在,则回调函数会接收到错误,发送 404 响应。示例代码如下。

```
respondNotFound(req, res){
    res.writeHead(404, {
    'Content - Type': 'text/html'
    });
    res.end('< h1 > Not Found </h1 >< p > The requested URL $ {req. url} was not found on this
server.</p>');
}

respondFile(pathName, req, res){
    const readStream = fs.createReadStream(pathName);
    readStream.pipe(res);
}

routeHandler(pathName, req, res){
    fs.stat(pathName, (err, stat) => {
        if (!err) {
                this.respondFile(pathName, req, res);
        } else {
                this.respondNotFound(req, res);
        }
    });
}
```

读取文件,这里用的是流的形式 createReadStream 而不是 readFile,因为后者会在得到完整文件内容之前将其先读到内存里。这样万一文件很大,再遇上多个请求同时访问,readFile 就承受不来了。使用文件可读流,服务器端不用等到数据完全加载到内存再发回给客户端,而是一边读一边发送分块响应。这时响应里会包含如下响应头。

```
Transfer - Encoding:chunked
```

默认情况下,可读流结束时,可写流的 end()方法会被调用。

现在给客户端返回文件时,并没有指定 Content-Type 头,虽然可能发现访问文本或图片浏览器都可以正确显示出文字或图片,但这并不符合规范。需要手动实现 MIME 的配置,在根目录下创建 mime.js 文件,示例代码如下。

```javascript
const path = require('path');

const mimeTypes = {
    "css": "text/css",
    "gif": "image/gif",
    "html": "text/html",
    "ico": "image/x - icon",
    "jpeg": "image/jpeg",
    …
};

const lookup = (pathName) => {
    let ext = path.extname(pathName);
    ext = ext.split('.').pop();
    return mimeTypes[ext] || mimeTypes['txt'];
}

module.exports = {
    lookup
};
```

该模块暴露出一个 lookup 方法,可以根据路径名返回正确的类型,类型以 'type/subtype' 表示。对于未知的类型,按普通文本处理。

接着在 static-server.js 中引入上面的 mime 模块,给返回文件的响应都加上正确的头部字段,示例代码如下。

```javascript
respondFile(pathName, req, res){
    const readStream = fs.createReadStream(pathName);
    res.setHeader('Content - Type', mime.lookup(pathName));
    readStream.pipe(res);
}
```

第 7 章

静态资源

第8章 Handlebars

扫码观看

8.1 模板引擎简介

8.1.1 什么是模板引擎

如果读者有后端开发经验,比如 PHP 开发,应该对模板不会太陌生。几乎所有的主流开发语言都为了 Web 开发而增加了模板支持,而且模板引擎与开发语言之间实现了解耦。例如,ASP 下有模板引擎,Java Web 下有模板引擎,PHP 下也有模板引擎,这些主流的开发语言在进行 Web 应用开发时,都会用到模板引擎技术。

Web 开发的模板引擎是为了使用户界面与业务数据分离而产生的,它可以生成特定格式的文档,用于网站的模板引擎就会生成一个标准的 HTML 文档。使用模板引擎能够大大提升开发效率,良好的设计也会使代码重用变得更加容易。

8.1.2 传统 JavaScript 模板

在传统的 Web 开发中,最常用的方法就是使用 JavaScript 生成一些 HTML 代码,示例代码如下。

```
document.write('< h1 > Please Don\'t Do This </h1 >');
document.write('< p >< span class = "code"> document.write </span > is naughty,\n');
document.write('and should be avoided at all costs.</p >');
document.write('< p > Today\'s date is ' + new Date() + '.</p >');
```

在上面的代码中,使用 JavaScript 生成 HTML 的 DOM 元素并渲染到网页中,这种操作看似并没有什么不妥,但是如果需要渲染的 DOM 非常多时,或者渲染的 DOM 结构比较复杂,这种渲染的效率是非常低的。

例如,有一段 500 行的代码需要使用 document.write()进行渲染,这会让代码的可读性变得极差。在大量的 JavaScript 代码中混合 HTML 的标签,会让代码结构变得很混乱,而且已经习惯了在< script >标签中只写 JavaScript 的代码,使用 JavaScript 生成的 HTML 造成很多的问题。

(1) 需要不断地考虑哪些字符需要转义以及如何转义。

(2) 如果 HTML 代码中包含 JavaScript 的代码,则有可能会造成编译错误。

(3) 在编辑器中无法使用语法高亮显示的特性。

（4）容易造成 HTML 代码的格式混乱。

（5）代码可读性极差。

（6）不利于团队开发。

使用模板引擎可以解决上面的所有问题，同时也让插入动态数据成为可能。

8.1.3 如何选择模板引擎

在 Node.js 的项目开发中，有很多模板引擎可供选择，如何在众多模板引擎技术中选择合适的，是一件令开发者很头疼的事情。其实，选择模板引擎大多情况下取决于用户的需求。下面提供一些参考准则。

1. 模板引擎的性能

在项目开发中，开发效率是首先要考虑的问题，任何时候都不会希望网站的访问速度被拖慢。所以，模板引擎的性能对 Web 应用来说很重要。

2. 客户端与服务器端的兼容

大多数的模板引擎都可以用在客户端和服务器端，如果需要在这两端都使用模板，就需要选择那些在前后端都表现优秀的模板引擎。

3. 抽象能力

使用模板引擎还需要代码的可读性，例如，不希望模板的代码中出现大量的尖括号，就可以选择那些在 HTML 文本中使用大括号的模板引擎。

8.2 Handlebars 模板引擎

8.2.1 Handlebars 简介

Handlebars 是一种简单的模板语言，具有简单的 JavaScript 继承和容易掌握的语法。它使用模板和输入对象来生成 HTML 或其他文本格式。Handlebars 模板看起来像常规的文本，但是它带有嵌入式的 Handlebars 表达式。

示例代码如下。

```
<p>{{firstname}} {{lastname}}</p>
```

Handlebars 表达式是一个双大括号"{{"，执行模板时，双大括号中的表达式会被输入对象中的值所替换。

8.2.2 Handlebars 的安装

1. 使用 npm 或 yarn 安装

Handlebars 引擎使用 JavaScript 语言编写，推荐使用 npm 或 yarn 来安装，安装命令如下。

```
npm install handlebars
# 或者
yarn add handlebars
```

然后,可以通过 require 来使用 Handlebars。

```
const Handlebars = require("handlebars");
const template = Handlebars.compile("Name: {{name}}");
console.log(template({ name: "张三" }));
```

2. 下载 Handlebars

如果不是在生产环境下使用 Handlebars 模板引擎,只是用于开发环境的浏览器中编译模板或快速入门,可以直接在 Handlebars 社区下载。下载地址为:https://s3.amazonaws.com/builds.handlebarsjs.com/handlebars-v4.7.6.js。

3. 使用 CDN 方式安装

如果想快速测试 Handlebars,可以使用 CDN 的方式加载 Handlebars 并将其嵌入到 HTML 文件中。示例代码如下。

```
<!-- Include Handlebars from a CDN -->
<script src = "https://cdn.jsdelivr.net/npm/handlebars@latest/dist/handlebars.js"></script>
<script>
  //compile the template
  var template = Handlebars.compile("Handlebars <b>{{doesWhat}}</b>");
  //execute the compiled template and print the output to the console
  console.log(template({ doesWhat: "rocks!" }));
</script>
```

8.2.3 Handlebars 的特性

1. 简单的表达式

在前面章节中已经简单介绍了模板引擎的表达式的语法,示例代码如下。

```
<p>{{firstname}} {{lastname}}</p>
```

在服务器端代码中,为模板输入对象,示例代码如下。

```
{
  firstname: "Yehuda",
  lastname: "Katz",
}
```

表达式将被相应的属性替换,示例代码如下。

```
<p>Yehuda Katz</p>
```

2. 嵌套输入对象

可以在输入对象中包含其他对象或数组,示例代码如下。

```
{
  person:{
    firstname: "Yehuda",
    lastname: "Katz",
  },
}
```

在这种情况下,可以使用点符号来访问嵌套属性,示例代码如下。

```
{{person.firstname}} {{person.lastname}}
```

3. 计算上下文

Handlebars 模板引擎中内置了块助手代码 with 和 each,允许更改当前代码块的值。

with 助手代码注入对象的属性中,使用户可以访问其属性。输入对象的示例代码如下。

```
{
  person:{
    firstname: "Yehuda",
    lastname: "Katz",
  }
}
```

模板引擎中使用 with 助手代码,示例代码如下。

```
{{ # with person}}
{{firstname}} {{lastname}}
{{/with}}
```

渲染后的结果为:Yehuda Katz。

each 助手代码会迭代一个数组,使用户可以通过 Handlebars 简单访问每个对象的属性表达式。对象声明的示例代码如下。

```
{
  people:[
    "Yehuda Katz",
    "Alan Johnson",
    "Charles Jolley",
  ],
}
```

在模板引擎中使用 each 助手代码,示例代码如下。

```
< ul class = "people_list">
  {{ # each people}}
    <li>{{this}}</li>
  {{/each}}
</ul >
```

渲染后的结果如下。

```
<ul class = "people_list">
    <li> Yehuda Katz </li>
    <li> Alan Johnson </li>
    <li> Charles Jolley </li>
</ul>
```

4. HTML 转义

因为最初设计 Handlebars 是用来生成 HTML 的,所以它会转义由 {{expression}} 返回的值。如果不想让 Handlebars 转义某个值,可以使用三重隐藏"{{{"。在输入对象中使用了 HTML 的转义字符,示例代码如下。

```
{
    name:"&lt;b&gt;Buttercup&lt;b&gt;"
}
```

在模板引擎中需要使用三重隐藏的表达式,示例代码如下。

```
<p>{{{name}}}</p>
```

使用三重大括号关闭 HTML 转义的功能具有一些其他的重要用途。例如,如果用 WYSIWYG 编辑器建立了一个 CMS 系统,用户会希望向视图层传递 HTML 文本是可行的。

8.3　Handlebars 的使用

扫码观看

使用模板引擎需要理解 context 上下文对象,当渲染一个模板时,会传递给模板引擎一个对象,叫作上下文对象,它能让替换标识运行。例如,上下文对象是{ name:'Tom' },模板是 <p> Hello, {{name}}! </p>,在模板中的{{name}}表达式会被 Tom 替换。

8.3.1　注释

Handlebars 模板引擎中可以像其他语言一样使用注释,由于 Handlebars 代码中通常存在一定程度的逻辑,因此在开发时需要适当地添加注释。注释不会立即显示输出中,如果需要显示注释,可以使用 HTML 的注释方式。

在 Handlebars 模板引擎的代码中,任何包含双大括号或其他 Handlebars 标记的注释都应该使用"{{!--}}"的语法。示例代码如下。

```
{{! This comment will not show up in the output}}
<!-- This comment will show up as HTML-comment -->
{{!-- This comment may contain mustaches like }} --}}
```

8.3.2 块级表达式

在一些复杂的业务逻辑操作中,需要使用块级表达式。块级表达式提供了流程控制、条件控制的语法。例如,把一个结构比较复杂的对象作为上下文对象,示例代码如下。

```
{
    currency: {
        name: 'United States dollars',
        abbrev: 'USD',
    },
    tours: [{
        name: 'Hood River',
        price: '$99.95'
    }, {
        name: 'Oregon Coast',
        price,
        '$159.95'
    }, ],
    specialsUrl: '/january-specials',
    currencies: ['USD', 'GBP', 'BTC']
}
```

把上下文对象传递到 Handlebars 模板中,示例代码如下。

```
<ul>
    {{#each tours}} {{! I'm in a new block...and the context has changed }}
                <li>
                        {{name}} - {{price}} {{#if ../currencies}}
({{../../currency.abbrev}}) {{/if}}
                </li>
    {{/each}}
</ul>
{{#unless currencies}}
    <p>All prices in {{currency.name}}.</p>
{{/unless}} {{#if specialsUrl}} {{! I'm in a new block...but the context hasn't changed
(sortof) }}
    <p>Check out our <a href = "{{specialsUrl}}">specials!</p>
{{else}}
    <p>Please check back often for specials.</p>
{{/if}}
<p>
    {{#each currencies}}
                <a href = "#" class = "currency">{{.}}</a>
    {{else}}Unfortunately, we currently only accept {{currency.name}}.
{{/each}}
</p>
```

上面这个模板看起来很复杂,先来分解一下。模板中使用了 each 助手代码,可以对一个数组进行遍历。在 {{#each tours}} 和 {{/each tours}} 之间使用上下文对象,第一次循环,上下文对象变成了 { name:'Hood River', price:'＄99.95' },第二次则变成了 { name: 'Oregon Coast', price:'＄159.95' }。所以在这个块里面可以看到 {{name}} 和 {{price}}。如果想要访问 currency 对象,就得使用 ../ 来访问上一级上下文。如果上下文属性本身就是一个对象,可以直接访问它的属性,如 {{currency. name}}。

8.3.3 服务器端模板

服务器端模板是将 HTML 的内容在服务器端渲染完成后,再发送到客户端。与客户端模板不同,客户端模板会将 HTML 源文件暴露给开发者,但是看不到服务器端模板,也看不到最终生成 HTML 的上下文对象。

服务器端模板除了隐藏实现细节,还支持模板缓存,这对性能的提升很重要。模板引擎会缓存已经编译的模板,如果模板内容发生了改变,就会重新编译和重新缓存,通过这种方式可以提升模板视图的性能。默认情况下,在开发模式下视图缓存会被禁用,在生产模式下自动启用。如果想显式地启用视图缓存,可以通过配置实现,配置的示例代码如下。

```
app.set('view cache', true);
```

8.3.4 视图和布局

视图通常表现为网站上的各个页面,也可以表现为页面中 Ajax 局部加载的内容,或一封电子邮件,或页面上的任何内容。默认情况下,Express 会在 views 子目录中查找视图。布局是一种特殊的视图,事实上,它是一个用于模板的模板。对于一个 Web 应用来说,大部分页面都包含相同的布局,例如,页面中必须有一个<html>元素和一个<title>元素,它们通常都会加载相同的 CSS 文件,诸如此类。为了避免每个页面中出现大量的代码冗余,可以使用布局来解决。先看一个基本的布局文件,示例代码如下。

```
<!doctype>
<html>
    <head>
        <title>Meadowlark Travel</title>
        <link rel = "stylesheet" href = "/css/main.css">
    </head>
    <body>
        {{{body}}}
    </body>
</html>
```

在上面的代码中,使用表达式 {{{body}}} 告诉视图引擎在哪里渲染布局内容,因为视图中可能包含 HTML 标签,所以这里使用了三重大括号,需要让 Handlebars 去转义 HTML 代码。

8.3.5 在 Express 中使用布局

在一个 Web 应用中,大部分页面都会采用相同的布局,所以在每次渲染视图时都为其指定一个布局是不合理的。在创建视图引擎时，会指定一个默认的布局，示例代码如下。

```
var handlebars = require('express3 - handlebars').create({ defaultLayout: 'main' });
```

默认情况下，Express 会在 views 子目录中查找视图，在 views/layouts 下查找布局。例如，视图所在的路径为 views/foo.handlebars，那么在 Express 的路由中可以直接查找视图文件的名称，示例代码如下。

```
app.get('/foo', function(req, res){
    res.render('foo');
});
```

上面代码中的视图被渲染后，会使用 views/layouts/main.handlebars 作为布局，如果在开发中不想使用布局，可以在上下文中指定 layout：null，示例代码如下。

```
app.get('/foo', function(req, res){
    res.render('foo', {
            layout: null
    });
});
```

或者，如果想使用一个不同的模板，可以指定模板名称，示例代码如下。

```
app.get('/foo', function(req, res){
    res.render('foo', {
            layout: 'microsite',
    });
});
```

这样就会使用布局 views/layouts/microsite.handlebars 来渲染视图了。

8.3.6　客户端 Handlebars

当在前端页面发送 Ajax 请求，返回的数据是 HTML 代码片段，并且在前端需要将这些代码片段进行动态渲染，就要使用 Handlebars 客户端渲染技术了。在客户端需要先加载 Handlebars 才能使用，可以使用 CDN 的方式，也可以直接将 Handlebars 放到静态资源中引入。例如，在 views 目录下的模板视图文件中使用客户端 Handlebars，示例代码如下。

```
{{♯section 'head'}}
    < script src = "//cdnjs.cloudflare.com/ajax/libs/handlebars.js/1.3.0/handlebars.min.js">
</script>
{{/section}}
```

在视图文件中使用模板，一种方法是使用在 HTML 中已存在的元素，可以将它放在
< head >中的< script >元素里。示例代码如下。

```
{{ # section 'head'}}
    < script src = "//cdnjs. cloudflare. com/ajax/libs/handlebars. js/1. 3. 0/handlebars. min. js">
</script>
    < script id = "nurseryRhymeTemplate" type = "text/x - handlebars - template">
            Marry had a little < b >\{{animal}}</b >, its < b >\{{bodyPart}}</b > was < b >\
{{adjective}}</b > as < b >\{{noun}}</b >.
</script>
{{/section}}
```

第 9 章　MongoDB 数据库

本章介绍的是 MongoDB 数据库相关的知识,其中包含 MongoDB 的概念、MongoDB 的配置安装和 MongoDB 的实例应用。根据实例应用,实践在 Node.js 项目中操作 MongoDB 的基类模块。通过本章的学习,希望读者掌握 Node.js 和 MongoDB 数据库连接,在应用开发中能够灵活地使用 MongoDB 进行数据的管理。

9.1　MongoDB 数据库简介

扫码观看

9.1.1　什么是数据库

数据库就是用来存储数据的仓库,可以将数据进行有序地分门别类地存储。它是独立于语言之外的软件,可以通过 API 去操作它。常见的数据库软件有 MySQL、MongoDB、Oracle 等。那么在软件开发中,为什么要使用数据库呢? 举个生活中的例子,如果在某个电商 App 中购物,将商品加入购物车,那么在该平台的 PC 端网页中登录后,购物车中的商品还存在吗? 答案是肯定的,应用上的数据都是存到了数据库。

9.1.2　数据库的优点

使用数据库具体有下面几个好处。

(1) 数据库可以结构化存储大量的数据信息,方便用户进行有效的检索和访问。

(2) 数据库可以有效地保持数据信息的一致性、完整性,降低数据冗余。

(3) 数据库可以满足应用的共享和安全方面的要求,把数据放在数据库中在很多情况下也是出于安全的考虑。

(4) 数据库技术能够方便智能化地分析,产生新的有用信息。

9.1.3　MongoDB 数据库重要概念

MongoDB 是一款面向文档的跨平台数据库,具有高性能、高可用性、高扩展性等特点。简单来说,数据库的集合就是一个容器,每个数据库都是在文件系统中的一组文件,一个 MongoDB 服务器通常有多个数据库。MongoDB 数据库中有两个重要的概念:集合(collection)与文档(document)。

1. 集合

集合就是一组 MongoDB 文档,它相当于关系型数据库中的表的概念。集合位于单独的一个数据库中,集合不能执行模式(Schema)。一个集合内的多个文档可以有多个不同的字段。一般来说,集合中的文档都有着相同或相关的目的。

2. 文档

文档就是一组具有动态模式的键值对,在一个集合内的不同文档中,可以有不同的字段或结构。关系数据库和 MongoDB 数据库在术语上略有不同,如表 9.1 所示。

表 9.1 关系数据库与 MongoDB 数据库的术语对比

关系数据库	MongoDB 数据库
数据库(database)	数据库(database)
表(table)	集合(collection)
行(row)	记录(record/doc)
列(column)	字段(field)

扫码观看

9.2　MongoDB 数据库环境搭建

9.2.1　MongoDB 数据库的下载与安装

1. 在 Windows 平台安装 MongoDB

在 Windows 上安装 MongoDB,先要从官网上下载 MongoDB 的最新版本。根据 Windows 版本选择正确的 MongoDB 版本。MongoDB 提供了可用于 32 位和 64 位系统的预编码二进制包,可以从 MongoDB 官网下载安装,MongoDB 官网地址为 https://www.mongodb.com/try/download/community,效果如图 9.1 所示。

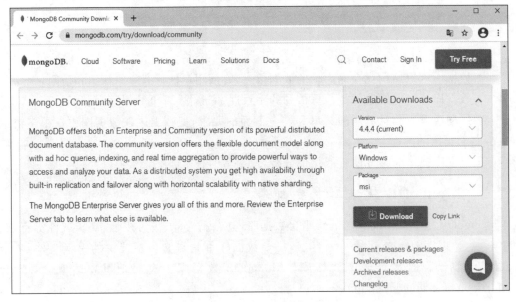

图 9.1　MongoDB 下载页面

在 MongoDB 下载页面中,选择 Windows 版本,安装包选择 .msi 格式的文件,然后单击 Download 按钮下载文件。需要注意的是,在 MongoDB 2.2 版本后已经不再支持 Windows XP 系统了,最新版本也没有了 32 位系统的安装文件。

安装包文件下载成功后,双击执行安装文件,按操作提示安装即可。打开安装文件后,会看到安装类型的提示窗口,效果如图 9.2 所示。

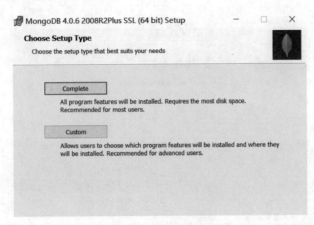

图 9.2　选择安装类型

选择 Complete 表示安装到默认路径,选择 Custom 表示安装到自定义路径,此处可以选择 Custom,然后再选择需要安装的目录,例如 D:\Program Files\MongoDB\Server,效果如图 9.3 所示。这一步选择完成后单击 Next 按钮,进入下一步操作。

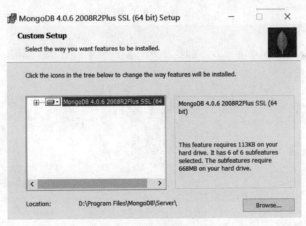

图 9.3　选择安装路径

进入到配置数据库信息页面,效果如图 9.4 所示。在该页面中勾选 Install MongoDB as a Service 复选框,可以创建数据库和日志的路径目录。也可以在安装成功后的文件夹中创建,然后单击 Next 按钮进入下一步。

完成上面的操作后,后续操作直接单击 Next 按钮即可,直到安装结束。安装成功后,打开 MongoDB 的本地安装目录,结构如图 9.5 所示。

2. 在 Linux 平台安装 MongoDB

MongoDB 也提供了 Linux 各个发行版本 64 位的安装包,可以在官网上选择 Linux 系

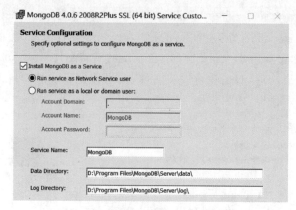

图 9.4　创建数据库并设置日志目录

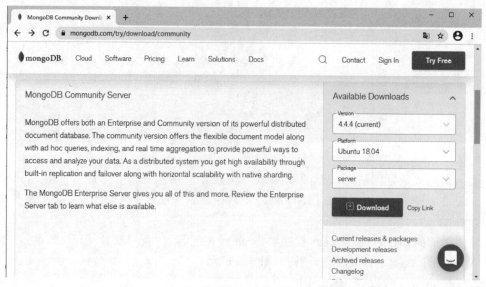

图 9.5　MongoDB 安装目录

统,并下载对应版本的安装包,如果是在有系统界面的 Linux 系统上,可以登录官网下载 MongoDB 安装文件。

　　MongoDB 官网下载 MongoDB,地址为 https://www.mongodb.com/try/download/community,官网下载效果如图 9.6 所示。

图 9.6　Ubuntu Linux 系统版 MongoDB 下载页面

如果是使用命令下载 MongoDB，可以使用 wget 命令。在 Linux 平台上需要下载的是 .tgz 格式的压缩文件，下载完成后，需要先对文件进行解压，例如，在 64 位 Linux 操作系统上，执行命令如下。

```
#下载
wget https://fastdl.mongodb.org/linux/mongodb-linux-x86_64-ubuntu1604-4.2.8.tgz

#解压
tar -zxvf mongodb-linux-x86_64-ubuntu1604-4.2.8.tgz
#将解压包复制到指定目录
mv mongodb-src-r4.2.8  /usr/local/mongodb4
```

MongoDB 的可执行文件位于 bin 目录下，所以可以将其添加到 PATH 路径中，执行命令如下。

```
export PATH=<mongodb-install-directory>/bin: $ PATH
```

在上面命令中，<mongodb-install-directory>是 MongoDB 的安装路径。

3. 在 macOS 平台安装 MongoDB

在 macOS 平台上可以使用 brew 命令安装 MongoDB，执行命令如下。

```
brew tap mongodb/brew
brew install mongodb-community@4.4
```

"@"符号后面的是版本号，上面命令中使用的是 4.4 版本。

安装命令运行成功后，还可以使用 brew 命令来启动 MongoDB 服务，执行命令如下。

```
#brew 启动
brew services start mongodb-community@4.4

#brew 停止
brew services stop mongodb-community@4.4
```

除了使用 brew 的方式安装 MongoDB，还可使用 MongoDB 提供的 OSX 平台上 64 位的安装包，可以到官网上下载。效果如图 9.7 所示。

9.2.2　MongoDB Compass 可视化工具

MongoDB 数据库的灵活模式和丰富的文档结构，为数据库开发提供了非常便捷的操作，性能表现也很优秀。但是，这种文档结构在开发过程中使用 MongoDB Shell 进行查询来查看数据，操作起来并不方便，数据的可读性也很差。如果想要更加直观地查看数据的结构，可以使用 MongoDB Compass 数据可视化工具。

MongoDB 3.2 版本之后引入了 MongoDB Compass 图形化工具，这是一款 MongoDB 图形化用户界面工具(GUI)，以可视化的方式查看数据，可以实现数据的 CRUD 操作。

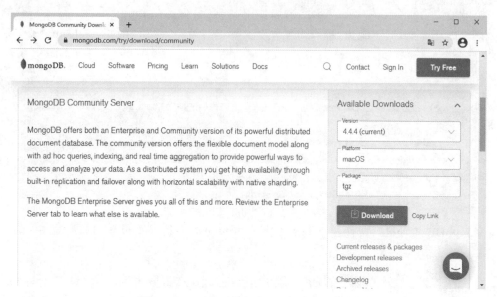

图 9.7　macOS 系统版本 MongoDB 安装包

　　MongoDB Compass 官方下载地址为 https：//www. mongodb. com/try/download/compass，在浏览器中打开下载地址，选择需要的版本，单击 Download 按钮进行下载。效果如图 9.8 所示。

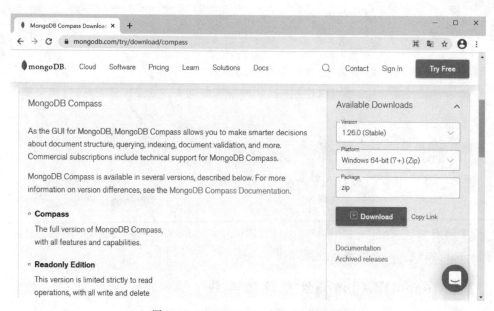

图 9.8　MongoDB Compass 下载页面

　　安装文件下载成功后，双击打开安装文件，按照提示内容进行操作，直到软件安装完成。安装成功后，运行 MongoDB Compass 软件，界面效果如图 9.9 所示。

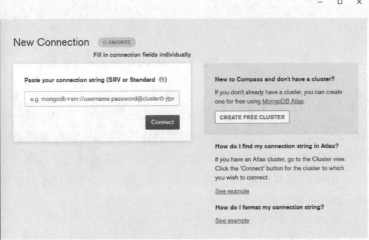

图 9.9　MongoDB Compass 软件界面

9.2.3　启动 MongoDB 服务

在 Windows 系统下安装好 MongoDB 后,服务会自动启动,如果 MongoDB 服务没有成功启动,可以按照下面的方法进行启动。

打开命令行窗口,切换到 MongoDB 安装目录下的 bin 目录中,然后在该目录下输入启动服务的命令。执行命令如下。

```
mongodb.exe -- logpath E:\software\MongoDB\data\log\mongodb.log -- logappend -- dbpath E:\
software\MongoDB\data -- directoryperdb -- serviceName MongoDB -- install
```

执行上面的命令,如果没有报错,证明命令运行成功。然后打开任务管理器,即可查看服务是否已经正常启动。效果如图 9.10 所示。

名称	描述	状态	启动类型	登录为
Microsoft App-V Client	Manages App-V users an...		禁用	本地系统
Microsoft iSCSI Initiator Service	管理从这台计算机到远程 iS...		手动	本地系统
Microsoft Passport	为用于对用户关联的标识提...		手动(触发器启动)	本地系统
Microsoft Passport Container	管理用于针对标识提供者及 ...		手动(触发器启动)	本地服务
Microsoft Software Shadow Copy Provider	管理卷影复制服务制作的基...		手动	本地系统
Microsoft Storage Spaces SMP	Microsoft 存储空间管理提...		手动	网络服务
Microsoft Windows SMS 路由器服务。	根据规则将消息路由到相应...		手动(触发器启动)	本地系统
MongoDB Server (MongoDB)	MongoDB Database Serv...	正在运行	自动	网络服务
Net.Tcp Port Sharing Service	提供通过 net.tcp 协议共享...		禁用	本地服务
Netlogon	为用户和服务身份验证维护...		手动	本地系统
Network Connected Devices Auto-Setup	网络连接设备自动安装服务...		手动(触发器启动)	本地服务
Network Connection Broker	允许 Windows 应用商店应...	正在运行	手动(触发器启动)	本地系统
Network Connections	管理"网络和拨号连接"文件...		手动	本地系统
Network Connectivity Assistant	提供 UI 组件的 DirectAcce...		手动(触发器启动)	本地系统
Network List Service	识别计算机已连接的网络,...	正在运行	手动	本地服务
Network Location Awareness	收集和存储网络的配置信息...	正在运行	自动	网络服务

图 9.10　任务管理器界面

如果没有成功开启 MongoDB 服务，可以以管理员身份运行 cmd，再重新执行上面的命令。

9.3　mongoose 模块

扫码观看

9.3.1　mongoose 模块简介

mongoose.js 是一个为 Node.js 提供的操作 MongoDB 数据库的第三方模块，对 Node.js 原生的 MongoDB 模块进行优化和封装，并提供了更多的功能。在大多数情况下，mongoose.js 被用来把结构化的模型应用到一个 MongoDB 集合中，并提供了验证和类型转换的功能。

mongoose 的好处如下。

（1）可以为文档创建一个模式结构（Schema）。

（2）可以对模型中的对象/文档进行验证。

（3）数据可以通过类型转换为对象模型。

（4）可以使用中间件来增强处理业务逻辑的能力。

（5）比 Node 原生的 MongoDB 驱动更容易。

mongoose 提供了几个用于管理数据和操作数据的对象，包括：

（1）Schema 对象，定义约束了数据库中的文档结构。

（2）Model 对象，作为集合中的所有文档的表示，相当于 MongoDB 数据库中的集合 collection Document。

（3）Document 对象，表示集合中的具体文档，相当于集合中的一个具体的文档。

9.3.2　Schema 模式对象

MongoDB 数据库中的集合在 mongoose 代码中以 Schema 模式对象进行表示，模式对象中的属性和属性类型，对应的是数据库集合中的字段和字段类型。简单来说，模式就是对文档的一种约束，有了模式，文档中的字段必须符合模式的规定，否则就不能正常操作。

对于在模式中的每个字段，都需要定义一个特定的值类型，模式中支持的值类型如下。

（1）String。

（2）Number。

（3）Boolean。

（4）Array。

（5）Buffer。

（6）Date。

（7）ObjectId。

（8）Mixed。

在模式对象中需要通过 mongoose 的 Schema 属性来创建，这个属性是一个构造函数。语法如下。

```
new Schema(definition,option)
```

在实例化 Schema 对象的构造方法中,definition 参数是用于描述模式的标识;options 参数是配置对象,用于定义与数据库中集合的字段和字段类型,从而实现模式与集合的交互。

options 参数常用的选项如下。

autoIndex:布尔值,开启自动索引,默认值为 true。

bufferCommands:布尔值,缓存由于连接问题无法执行的语句,默认值为 true。

capped:集合中最大文档数量。

collection:指定 Schema 的集合名称。

id:布尔值,是否有应用于_id 的 id 处理器,默认值为 true。

_id:布尔值,是否自动分配 id 字段,默认值为 true。

strict:布尔值,不符合 Schema 的对象不会被插入数据库中,默认值为 true。

例如,在数据库中创建了系统用户的集合 Users,Schema 模式对象中要定义与 Users 集合字段一一对应的属性,示例代码如下。

```
var mongoose = require('mongoose');

//系统用户模块
var usersSchema = new mongoose.Schema({
    username: String,
    pwd: String
})
var User = mongoose.model('users', usersSchema)
```

9.3.3 Model 模型对象

Schema 模式对象定义完成后,就需要通过该 Schema 模式对象来创建 Model 对象。Model 对象会自动和数据库中对应的集合建立连接,并且要确保当应用中的数据发生更改时,与之对应的集合已经被创建,而且具有正确的索引,通过 Model 完成对数据库集合的 CRUD 操作。

创建 Model 模型对象需要使用 mongoose.model()方法,语法如下。

```
model(name, [schema], [collection] , [skipInit])
```

model()方法的参数分别如下。

name 参数相当于模型的名字,以后可以通过 name 找到模型。

schema 表示创建好的模式对象。

collection 表示要连接的集合名。

skipInit 表示是否跳过初始化,默认值是 false。

一旦把一个 Schema 对象编译成一个 Model 对象,就可以直接使用 Model 对象提供的方法对文档进行添加、删除、更新、查询等操作了。

Model 对象提供的方法如下。

remove(conditions, callback)

deleteOne(conditions, callback)

deleteMany(conditions, callback)

find(conditions, projection, options, callback)

findById(id, projection, options, callback)

findOne(conditions, projection, options, callback)

count(conditions, callback)

create(doc, callback)

update(conditions, doc, options, callback)

9.3.4　Document 文档对象

通过 Model 对数据库进行查询时，会返回 Document 对象或 Document 对象数组。Document 继承自 Model，代表一个集合中的文档，使用该对象也可以直接操作数据库。

Document 对象的方法如下。

equals(doc)

id

get(path,[type])

set(path,value,[type])

update(update,[options],[callback])

save([callback]) · remove([callback])

isNew · isInit(path)

toJSON()

toObject()

扫码观看

9.4　MongoDB 模块

MongoDB 是一种文档导向数据库管理系统，由 C++编写而成。本节介绍如何在 Node.js 项目中使用 mongoose 来连接 MongoDB 数据库，并对数据库进行 CRUD 操作。

在使用 mongoose 之前，先要安装模块，执行命令如下。

```
npm install mongoose
```

接下来，使用 mongoose 模块连接数据库。

9.4.1　连接数据库

要在 MongoDB 中创建一个数据库，例如 laochen。如果数据库不存在，MongoDB 将创建数据库并建立连接。使用 mongoose.connect()方法建立数据库连接。示例代码如下。

```
var MongoClient = require('mongodb').MongoClient;
var url = "mongodb://localhost:27017/laochen";
```

```
MongoClient.connect(url, { useNewUrlParser: true }, function(err, db) {
  if (err) throw err;
  console.log("数据库已创建!");
  db.close();
});
```

useNewUrlParser 是使用最新的 URL 解析器,避免 MongoDB 报警告错误。

9.4.2 创建集合

使用 createCollection()方法来创建集合。示例代码如下。

```
var MongoClient = require('mongodb').MongoClient;
var url = 'mongodb://localhost:27017/';
MongoClient.connect(url, { useNewUrlParser: true }, function (err, db) {
    if (err) throw err;
    console.log('数据库已创建');
    var dbase = db.db("laochen");
    dbase.createCollection('site', function (err, res) {
        if (err) throw err;
        console.log("创建集合!");
        db.close();
    });
});
```

9.4.3 数据库操作

与 MySQL 不同的是,MongoDB 会自动创建数据库和集合,所以使用前不需要手动去创建。接下来实现增删改查功能。

1. 插入数据

以下实例中,连接数据库中系统用户的表 Users,并使用 insertOne()方法插入一条数据,示例代码如下。

```
var MongoClient = require('mongodb').MongoClient;
var url = "mongodb://localhost:27017/";

MongoClient.connect(url, { useNewUrlParser: true }, function(err, db) {
    if (err) throw err;
    var dbo = db.db("laochen");
    var myobj = { name: "张三",sex: "男",like:['打球','唱歌','写代码'] };
    dbo.collection("user").insertOne(myobj, function(err, res) {
        if (err) throw err;
        console.log("用户添加成功");
        db.close();
    });
});
```

执行以下命令输出的结果如下。

```
$ node test.js
文档插入成功
```

从输出结果来看,数据已插入成功。

也可以打开 MongoDB 的客户端查看数据,结果如下。

```
> show dbs
laochen   0.000GB                    # 自动创建了 laochen 数据库
> show tables
site                                 # 自动创建了 user 集合(数据表)
> db.user.find()
```

在批量插入操作中,可以使用 insertMany()方法一次插入多条数据。示例代码如下。

```
var MongoClient = require('mongodb').MongoClient;
var url = "mongodb://localhost:27017/";

MongoClient.connect(url, { useNewUrlParser: true }, function(err, db) {
    if (err) throw err;
    var dbo = db.db("user");
    var myobj = [
        { name: "张三",sex: "男",like:['唱','跳','写代码']},
        { name: "李四",sex: "男",like:['唱','跳','吃零食']},
        { name: "王五",sex: "男",like:['唱','跳','旅游']},
        ];
    dbo.collection("user").insertMany(myobj, function(err, res) {
        if (err) throw err;
        console.log("插入的文档数量为: " + res.insertedCount);
        db.close();
    });
});
```

2. 查询数据

可以使用 find()来查找数据,find()可以返回匹配条件的所有数据。如果未指定条件,find()返回集合中的所有数据。示例代码如下。

```
var MongoClient = require('mongodb').MongoClient;
var url = "mongodb://localhost:27017/";

MongoClient.connect(url, { useNewUrlParser: true }, function(err, db) {
    if (err) throw err;
    var dbo = db.db("laochen");
    dbo.collection("user").find({}).toArray(function(err, result) { //返回集合中所有数据
        if (err) throw err;
        console.log(result);
        db.close();
    });
});
```

查询指定条件的数据,示例代码如下。

```
var MongoClient = require('mongodb').MongoClient;
var url = "mongodb://localhost:27017/";

MongoClient.connect(url, { useNewUrlParser: true }, function(err, db) {
    if (err) throw err;
    var dbo = db.db("laochen");
    var whereStr = {"name":'老陈'};   //查询条件
    dbo.collection("user").find(whereStr).toArray(function(err, result) {
        if (err) throw err;
        console.log(result);
        db.close();
    });
});
```

3. 更新数据

可以使用 updateOne()方法对数据库的数据进行修改,示例代码如下。

```
var MongoClient = require('mongodb').MongoClient;
var url = "mongodb://localhost:27017/";

MongoClient.connect(url, { useNewUrlParser: true }, function(err, db) {
    if (err) throw err;
    var dbo = db.db("laochen");
    var whereStr = {"name":'张三'};   //查询条件
    var updateStr = { $ set:{ "sex" : '帅哥'}};
    dbo.collection("user").updateOne(whereStr, updateStr, function(err, res) {
        if (err) throw err;
        console.log("文档更新成功");
        db.close();
    });
});
```

如果要更新多条数据,可以使用 updateMany()方法。示例代码如下。

```
var MongoClient = require('mongodb').MongoClient;
var url = "mongodb://localhost:27017/";

MongoClient.connect(url, { useNewUrlParser: true }, function(err, db) {
    if (err) throw err;
    ar dbo = db.db("laochen");
    var whereStr = {"name":'老陈'};   //查询条件
    var updateStr = { $ set:{ "sex" : '帅哥'}};;
    dbo.collection("user").updateMany(whereStr, updateStr, function(err, res) {
        if (err) throw err;
        console.log(res.result.nModified + "条文档被更新");
        db.close();
    });
});
```

4. 删除数据

使用 deleteOne()方法删除单条数据,示例代码如下。

```javascript
var MongoClient = require('mongodb').MongoClient;
var url = "mongodb://localhost:27017/";

MongoClient.connect(url, { useNewUrlParser: true }, function(err, db) {
    if (err) throw err;
    var dbo = db.db("laochen");
    var whereStr = {"name":'张三'};    //查询条件
    dbo.collection("user").deleteOne(whereStr, function(err, obj) {
        if (err) throw err;
        console.log("文档删除成功");
        db.close();
    });
});
```

使用 deleteMany()方法批量删除多条数据,示例代码如下。

```javascript
var MongoClient = require('mongodb').MongoClient;
var url = "mongodb://localhost:27017/";

MongoClient.connect(url, { useNewUrlParser: true }, function(err, db) {
    if (err) throw err;
    var dbo = db.db("laochen");
    var whereStr = { sex: "男" };    //查询条件
    dbo.collection("site").deleteMany(whereStr, function(err, obj) {
        if (err) throw err;
        console.log(obj.result.n + "条文档被删除");
        db.close();
    });
});
```

5. 排序

在查询数据时,可以使用 sort()方法对查询结果进行排序,该方法接收一个参数,规定了排序的规则,参数值为 1 时按升序排序,参数值为 -1 时按降序排序。示例代码如下。

```javascript
var MongoClient = require('mongodb').MongoClient;
var url = "mongodb://localhost:27017/";

MongoClient.connect(url, { useNewUrlParser: true }, function(err, db) {
    if (err) throw err;
    var dbo = db.db("runoob");
    var mysort = { type: 1 };
    dbo.collection("site").find().sort(mysort).toArray(function(err, result) {
        if (err) throw err;
        console.log(result);
        db.close();
    });
});
```

6. 查询分页

如果要设置指定的返回条数可以使用 limit() 方法，该方法只接收一个参数，指定了返回的条数。例如，本次查询只读取两条数据，示例代码如下。

```
var MongoClient = require('mongodb').MongoClient;
var url = "mongodb://localhost:27017/";

MongoClient.connect(url, { useNewUrlParser: true }, function(err, db) {
    if (err) throw err;
    var dbo = db.db("runoob");
    dbo.collection("site").find().limit(2).toArray(function(err, result) {
        if (err) throw err;
        console.log(result);
        db.close();
    });
});
```

如果要指定跳过的条数，可以使用 skip() 方法。例如，跳过前面两条数据，读取两条数据，示例代码如下。

```
var MongoClient = require('mongodb').MongoClient;
var url = "mongodb://localhost:27017/";

MongoClient.connect(url, { useNewUrlParser: true }, function(err, db) {
    if (err) throw err;
    var dbo = db.db("laochen");
    dbo.collection("user").find().skip(2).limit(2).toArray(function(err, result) {
        if (err) throw err;
        console.log(result);
        db.close();
    });
});
```

在进行分页查询时，有两个比较重要的公式，分别如下。

查询的起始位置＝（当前页码－1）×每页显示条数

总页数＝Math.ceil(总条数÷每页显示条数)

7. 连接操作

虽然 MongoDB 不是一个关系型数据库，但可以使用 $lookup 实现左连接。例如，有两个集合的数据分别如下。

集合 1：orders，示例代码如下。

```
var MongoClient = require('mongodb').MongoClient;
var url = "mongodb://localhost:27017/";

let obj = { _id: 1, product_id: 154, status: 1 }
MongoClient.connect(url, { useNewUrlParser: true }, function(err, db) {
    if (err) throw err;
```

```
        var dbo = db.db("laochen");
        dbo.collection("orders").insertOne(obj, function(err, res) {
            if (err) throw err;
            console.log("文档插入成功");
            db.close();
        });
    });
```

集合 2：products，示例代码如下。

```
var MongoClient = require('mongodb').MongoClient;
var url = "mongodb://localhost:27017/";

MongoClient.connect(url, { useNewUrlParser: true }, function(err, db) {
    if (err) throw err;
    var dbo = db.db("user");
    var myobj = [
      { _id: 154, name: '笔记本计算机' },
      { _id: 155, name: '耳机' },
      { _id: 156, name: '台式计算机' }
    ];
    dbo.collection("products").insertMany(myobj, function(err, res) {
        if (err) throw err;
        console.log("插入的文档数量为: " + res.insertedCount);
        db.close();
    });
});
```

使用 $lookup 实现两个集合的左连接，示例代码如下。

```
var MongoClient = require('mongodb').MongoClient;
var url = "mongodb://127.0.0.1:27017/";

MongoClient.connect(url, { useNewUrlParser: true }, function(err, db) {
  if (err) throw err;
  var dbo = db.db("runoob");
  dbo.collection('orders').aggregate([
    { $lookup:
      {
        from:'products',              //右集合
        localField: 'product_id',     //左集合 join 字段
        foreignField: '_id',          //右集合 join 字段
        as:'orderdetails'             //新生成字段(类型 array)
      }
    }
  ]).toArray(function(err, res) {
    if (err) throw err;
    console.log(JSON.stringify(res));
    db.close();
  });
});
```

8. 删除集合

可以使用 drop() 方法来删除集合,示例代码如下。

```
var MongoClient = require('mongodb').MongoClient;
var url = "mongodb://localhost:27017/";

MongoClient.connect(url, { useNewUrlParser: true }, function(err, db) {
    if (err) throw err;
    var dbo = db.db("laochen");
    //删除 test 集合
    dbo.collection("user").drop(function(err, delOK) {   //执行成功 delOK 返回 true,否则
                                                         //返回 false
        if (err) throw err;
        if (delOK) console.log("集合已删除");
        db.close();
    });
});
```

第 10 章 　　Ajax 异步请求

随着网络技术的快速发展,互联网行业对 Web 系统的依赖度越来越高,作为 Web 2.0 核心应用,Ajax 的出现很好地增强了客户端界面的交互能力,在很多应用场景下,无须刷新整个页面就可以实现网页内容的局部更新,提升了用户体验。本章将会揭开 Ajax 的神秘面纱,并且在本章中会详细讲解 Ajax 实现异步请求的原理,以及在 Node.js 项目中如何使用 Ajax 实现前后端分离开发。

10.1　Ajax 基础

扫码观看

10.1.1　传统网站中存在的问题

在 20 世纪 90 年代,互联网中所有的网站都是由 HTML、CSS、JavaScript 实现的,用户在网页中的交互性并不好,而且有很多操作对服务器的负担也是比较重的。例如,用户想要获取网页中某一部分内容时,就需要刷新整个页面。

举个例子,当用户在一个网站中需要注册个人信息时,在表单中填写了所有内容后,单击“提交”按钮,此时,浏览器就会向服务器发送一个 HTTP 请求,然后将用户填写的数据保存到数据库中。当服务器端接收到客户端的请求参数后,发现密码的长度不符合要求,就会向客户端响应一个错误信息,让用户重新填写,之前用户填写过的信息也会随着页面的刷新被清空,仍然需要重新填写,这就给用户带来很多烦琐的操作。

再例如,用户想要查看新闻页面底部的评论内容,如果有新评论时,用户需要重新刷新整个页面才能看到新的评论,这样就给服务器带来了很大的负担。

在研发 Web 应用的过程中,开发人员也设计了很多方法来增加 Web 应用的交互性。例如,使用 JavaScript 脚本将所有的基础数据生成到一个.js 文件中,在页面加载时下载到本地,或者在加载页面时动态生成 JavaScript 数组。在处理事件时,对.js 文件的数据进行分析,然后显示结果。这种操作虽然可以提升速度,但是增加了开发难度,脚本编写起来很复杂,难以维护,如果 js 文件体积过大,则会使加载速度变慢。

10.1.2　Ajax 概述

Ajax(Asynchronous javascript and XML)是一种动态的 Web 应用开发技术,它的出现丰富了用户的体验,可以实现不加载整个页面,就能够让浏览器与服务器进行少量数据交互,实现网页局部数据的异步更新。

Ajax 技术主要是使用 JavaScript 通过 XMLHttpRequest 对象直接与服务器进行交互，实现页面发送异步请求到 Web 服务器，并接收 Web 服务器返回的信息，而且整个过程中无须加载整个页面，展示给用户的还是原来的页面。

当然，和其他技术一样，Ajax 同样也有其自身的优缺点。

10.1.3　Ajax 的使用场景

Ajax 的特点是使用异步交互实现动态更新网页，所以它适用于交互性强并且频繁加载数据的 Web 应用场景。最常见的有以下几种应用场景。

1. 表单数据验证

用户在填写表单内容时，需要保证数据的唯一性，因此需要对用户输入的内容进行数据校验。可以在用户输入完毕后，input 输入框失去焦点时，触发一个事件函数，在事件函数中使用 Ajax 技术，由 XMLHttpRequest 对象发出异步的验证请求，根据返回的 HTTP 响应结果来判断用户输入内容的唯一性。整个过程不需要弹出新的窗口，也不需要将整个页面提交到服务器，提高了验证的效率又不加重服务器的负担。

2. 按需加载数据

树形结构是 Web 系统中最常见的应用场景，例如，职能部门结构、行政区域结构树、文档分类结构树等，都是使用树形结构呈现数据的。在这种应用场景下，为了避免页面重载给服务器造成压力，可以使用 Ajax 技术改进树形结构的实现机制。

以文档分类结构树为例。在初始化页面时，只获取第一级子分类的数据并在页面中展示。当用户打开一级分类的第一个节点时，页面会通过 Ajax 向服务器请求当前分类所属的二级子分类的所有数据，如果再请求已经呈现的二级分类的某一节点时，再次向服务器请求当前分类所属的三级分类的所有数据，以此类推。页面会根据用户的操作向服务器请求它所需要的数据，这样就不会存在数据的冗余，减少数据下载总量。同时，更新页面时不需要重载所有内容，只更新需要更新的部分内容即可，相对于以前后端处理并且重载的方式，大大缩短了用户等待的时间。

3. 页面自动更新

在页面数据更新频率较高的应用中可以使用 Ajax 技术，例如热点新闻、天气预报、视频弹幕等。在这类的 Web 应用中，通过 Ajax 引擎在后台进行定时的轮询，向服务器发送请求，查看是否有最新的消息。如果有新消息，那就将新的数据响应到页面中并进行动态更新，通过特定的方式通知用户。

但是，如果轮询的频率过高，也会在某些方面加重服务器的负担，所以这种方式实现的页面自动更新是把双刃剑，需要谨慎使用。

10.1.4　Ajax 的优点

1. 提升用户体验

提升用户体验是使用 Ajax 最重要的优点之一。Ajax 可以通过异步请求实现网页的局部刷新，解决了传统 Web 页面需要重新加载整个页面的问题。使用 Ajax 提升了浏览器的性能，并且通过这种响应式的用户体验，可以大大提升浏览器的加载速度。

2. 提升了访问速度

Ajax 使用 JavaScript 脚本与 Web 服务器进行交互,减轻了网络负载,减少带宽的使用,缩短了服务器响应时间,在性能和速度上有了很大的提高。

3. 编程语言之间的兼容性强

因为 Ajax 是在客户端实现的,所以对服务器端的编程语言没有限制,所有的服务器端编程语言都可以接收客户端的 Ajax 请求。

4. 支持异步处理

Ajax 最重要的特点是使用 XMLHttpRequest 异步获取数据的,在请求还没执行完毕之前,程序可以继续执行其他任务,在请求返回之后再执行相应的回调函数。这种机制也正是提升 Web 性能的主要原因。

5. 使页面内容切换更简单

Ajax 使不同内容切换变得更加简单直观,用户不需要再使用浏览器上传统形式的回退和前进按钮来实现页面的前进和后退功能了。

10.1.5　Ajax 的缺点

1. 浏览器之间的不兼容

因为 Ajax 是使用 JavaScript 语言发送的异步请求,所以在不同的浏览器上实现的方式也有所不同。开发人员需要考虑用户使用多款浏览器的场景,提升代码的兼容性。

2. 增加了服务器的负载

为了实时更新网页中的数据,有时需要每隔一段时间就向服务器请求更新数据,在使用 Ajax 轮询时,由于频繁地向服务器发送请求,会造成服务器的负载压力增加,严重的话可能还会导致服务器崩溃。

10.2　Ajax 的工作原理

10.2.1　Ajax 运行原理

Ajax 是把 JavaScript 脚本和 XMLHttpRequest 对象放到 Web 页面和服务器之间,相当于在浏览器和服务器之间增加了一个中间层。在触发客户端的业务逻辑时,通过 JavaScript 代码捕获数据后向服务器发送异步请求,这样就使用户操作与服务器响应实现异步化。服务器接收到客户端的异步请求后,将响应数据返回给 JavaScript 脚本代码,然后,由 JavaScript 脚本决定如何处理响应回来的数据。

并不是所有的用户请求都最终提交给服务器,例如,数据校验的数据处理都是交给 Ajax 引擎来做的,只有确定需要从服务器读取新数据时,再由 Ajax 引擎代为向服务器提交请求。

浏览器使用 Ajax 技术与服务器进行交互的过程,如图 10.1 所示。

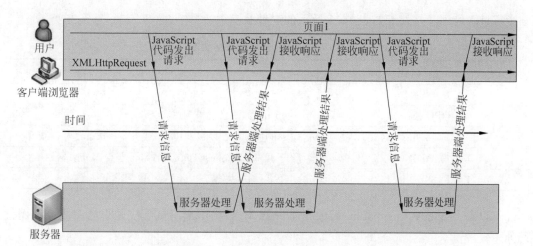

图 10.1　浏览器的 Ajax 交互方式

10.2.2　XMLHttpRequest 对象

XMLHttpRequest(XHR)对象用于在后台与服务器交换数据,通过 XMLHttpRequest 对象可以在不刷新页面的情况下请求特定 URL,获取数据。这允许网页在不影响用户操作的情况下,更新页面的局部内容。XMLHttpRequest 可以用于获取任何类型的数据,而不仅是 XML。它甚至支持 HTTP 以外的协议,例如,file:// 和 FTP 协议。但是,这也就使得浏览器出于安全方面考虑,增加了对其的限制。

XMLHttpRequest 对象有三个常用的属性。

1. onreadystatechange 属性

XMLHttpRequest.onreadystatechage 属性会在 XMLHttpRequest 的 readyState 属性发生改变时触发。只要 readyState 属性发生变化,就会调用相应的处理函数,这个回调函数就会被用户线程所调用。

当 XMLHttpRequest 请求被 abort()方法取消时,其对应的 readystatechange 事件不会被触发。当 readyState 属性的值改变时,callback 函数会被调用。示例代码如下。

```
var xhr = new XMLHttpRequest(),
    method = "GET",
    url = "https://developer.mozilla.org/";

xhr.open(method, url, true);
xhr.onreadystatechange = function (){
  if(xhr.readyState === XMLHttpRequest.DONE && xhr.status === 200){
    console.log(xhr.responseText)
  }
}
xhr.send();
```

2. readyState 属性

XMLHttpRequest.readyState 属性返回一个 XMLHttpRequest 代理当前所处的状态。

一个 XHR 代理总是处于如表 10.1 所示的五种状态中的一个。

表 10.1　XHR 代理的五种状态

值	状　态	描　述
0	UNSENT	代理被创建,但尚未调用 open() 方法
1	OPENED	open()方法已经被调用
2	HEADERS_RECEIVED	send()方法已经被调用,并且头部和状态已经可获得
3	LOADING	下载中;responseText 属性已经包含部分数据
4	DONE	下载操作已完成

可以向 onreadystatechange 函数添加一条 if 语句,用来测试响应是否已完成。示例代码如下。

```
xmlHttp.onreadystatechange = function(){
    if (xmlHttp.readyState == 4){
        //从服务器的 response 获得数据
    }
}
```

3. responseText 属性

XMLHttpRequest. responseText 在一个请求被发送后,从服务器端返回文本。当处理一个异步 request 时,尽管当前请求并没有结束,responseText 的返回值是当前从后端收到的内容。

示例代码如下。

```
var xhr = new XMLHttpRequest();
xhr.open('GET', '/server', true);

//If specified, responseType must be empty string or "text"
xhr.responseType = 'text';

xhr.onload = function (){
    if (xhr.readyState === xhr.DONE){
        if (xhr.status === 200){
            console.log(xhr.response);
            console.log(xhr.responseText);
        }
    }
};

xhr.send(null);
```

10.2.3 XMLHttpRequest 对象的常用方法

1. open()方法

open()方法有三个参数：第一个参数定义发送请求所使用的方法,第二个参数规定服务器端脚本的 URL,第三个参数规定应当对请求进行异步的处理。示例代码如下。

```
xmlHttp.open("GET","test.php",true);
```

2. send()方法

send()方法将请求送往服务器。假设 HTML 文件和 PHP 文件位于相同的目录,示例代码如下。

```
xmlHttp.send(null);
```

3. 其他方法

XMLHttpRequest 对象还有其他的方法。

abort(),停止当前请求。

getAllResponseHeaders(),把 HTTP 请求的所有响应首部作为键/值对返回。

getResponseHeader("header"),返回指定首部的串值。

open("method","URL",[asyncFlag],["userName"],["password"]),建立对服务器的调用。

send(content),向服务器发送请求。

setRequestHeader("header","value"),把指定首部设置为所提供的值。在设置任何首部之前必须先调用 open()方法。

10.3 Ajax 的实现步骤

10.3.1 创建 XMLHttpRequest 对象

创建 XMLHttp 对象的语法如下。

```
var xmlHttp = new XMLHttpRequest();
```

如果是 IE 5 或者 IE 6 浏览器,则使用 ActiveX 对象,示例代码如下。

```
var xmlHttp = new ActiveXObject("Microsoft.XMLHTTP");
```

一般在编写 Ajax 的代码时,首先要判断该浏览器是否支持 XMLHttpRequest 对象,如果支持则创建该对象;如果不支持则创建 ActiveX 对象。示例代码如下。

```
//第一步:创建 XMLHttpRequest 对象

var xmlHttp;
```

```
if (window.XMLHttpRequest){                          //非 IE 浏览器
    xmlHttp = new XMLHttpRequest();
} else if (window.ActiveXObject) {                    //IE 浏览器
    xmlHttp = new ActiveXObject("Microsoft.XMLHTTP")
}
```

10.3.2   设置请求方式

在 Web 开发中,GET 请求和 POST 请求是最常见的两种 HTTP 请求形式,所以需要设置一下具体使用哪个请求,XMLHttpRequest 对象的 open()方法就是用来设置请求方式的。示例代码如下。

```
//第二步:设置和服务器端交互的相应参数,向路径 http://localhost:8080/JsLearning3/getAjax
//准备发送数据

var url = "http://localhost:8080/JsLearning3/getAjax";
xmlHttp.open("POST", url, true);
```

open()方法的参数规定请求的类型、URL 以及是否异步处理请求。

参数 1:设置请求类型(GET 或 POST),GET 与 POST 的区别请自己百度一下,这里不做解释。

参数 2:文件在服务器上的位置。

参数 3:是否异步处理请求,是为 true,否为 false。

10.3.3   调用回调函数

如果在上一步中 open()方法的第三个参数选择的是 true,那么当前就是异步请求,这时需要编写一个回调函数,XMLHttpRequest 对象有一个 onreadystatechange 属性,这个属性返回的是一个匿名的方法,所以回调函数就在这里写 xmlHttp. onreadystatechange = function{},function{}内部就是回调函数的内容。

回调函数,就是请求在后台处理完,再返回到前台所实现的功能。回调函数要实现的功能就是接收后台处理后反馈给前台的数据,然后将这个数据显示到指定的 DOM 元素上。因为从后台返回的数据可能是错误的,所以在回调函数中首先要判断后台返回的信息是否正确,如果正确才可以继续执行。示例代码如下。

```
//第三步:注册回调函数

xmlHttp.onreadystatechange = function(){
    if (xmlHttp.readyState == 4){
        if (xmlHttp.status == 200){
            var obj = document.getElementById(id);
            obj.innerHTML = xmlHttp.responseText;
        } else {
```

```
                    alert("Ajax 服务器返回错误!");
                }
            }
        }
```

在上面代码中,xmlHttp. readyState 存有 XMLHttpRequest 的状态。从 0 到 4 发生变化:0:请求未初始化;1:服务器连接已建立;2:请求已接收;3:请求处理中;4:请求已完成,且响应已就绪。所以这里判断只有当 xmlHttp. readyState 为 4 时才可以继续执行。

10.3.4 发送 HTTP 请求

如果需要像 HTML 表单那样 POST 数据,可以使用 setRequestHeader() 来添加 HTTP 头。然后在 send() 方法中规定需要发送的数据。示例代码如下。

```
//第四步:设置发送请求的内容和发送报送.然后发送请求
//增加 time 随机参数,防止读取缓存
var params = "userName = " + document. getElementsByName("userName")[0]. value + "&userPass
= " + document. getElementsByName("userPass")[0]. value + "&time = " + Math. random();

//向请求添加 HTTP 头
xmlHttp. setRequestHeader("Content - type", "application/x - www - form - urlencoded; charset =
UTF - 8");

xmlHttp. send(params);
```

10.3.5 Ajax 的缓存问题

在 Ajax 的 get 请求中,如果运行在 IE 内核的浏览器下,当浏览器向同一个 URL 发送多次请求时,就会产生所谓的缓存问题。缓存问题最早的设计初衷是为了加快应用程序的访问速度,但是其会影响 Ajax 实时地获取服务器端的数据。

可以在请求地址的后面加上一个无意义的参数,参数值使用随机数即可,那么每次请求都会产生随机数,URL 就会不同,缓存问题就被解决了。示例代码如下。

```
var url = 'queryAll?names = ' + inp. value + '&_ = ' + Math. random();
xhr. open('get', url);
```

在上面的代码中,虽然使用随机数解决了缓存的问题,但是不能保证每次生成的随机数都不一样,这种使用随机数方法也存在一定的隐患。可以通过获取当前的时间戳,解决这个问题。示例代码如下。

```
var url = ''queryAll?names = ' + inp. value + '&_ = ' + new Date(). getTime();
xhr. open('get', url);
```

上面都是在客户端解决缓存问题,也可以在服务器端解决缓存问题。服务器端在响应客户端请求时,通过设置响应头信息,以此来解决同一个浏览器访问相同 URL 时的缓存问

Ajax 异步请求

题。示例代码如下。

```
//告诉客户端浏览器不要缓存数据
header("Cache - Control: no - cache");
```

10.4 浏览器同源策略

10.4.1 什么是同源策略

在学习同源策略之前，应该先了解什么是同源。简单来说，如果有两个 URL，它们的协议、域名、端口号都相同，那么就称这两个 URL 同源。例如下面两个 URL。

```
https://127.0.0.1:3000/query?id = 1
https://127.0.0.1:3000/query?id = 2
```

这两个 URL 具有相同的协议 https、相同的域名 127.0.0.1，以及相同的端口号 3000，所以就说这两个 URL 是同源的。

浏览器默认两个相同的源之间是可以相互访问资源和操作 DOM 的。如果两个不同的源之间想要相互访问资源和操作 DOM，那么会受到浏览器安全策略的限制，这一套安全策略制约就称为同源策略。

受到浏览器的同源策略的限制，在浏览器中不能执行其他源的 JavaScript 脚本，这就是浏览器跨域。无法跨域请求是浏览器出于对用户安全的考虑。

10.4.2 同源策略的限制

同源策略主要表现在 DOM、Web 数据和网络这 3 个层面。

1. DOM 层面

同源策略限制了来自不同源的 JavaScript 脚本对当前 DOM 对象读和写的操作。创建一个 HTML 页面 demo.html，示例代码如下。

```
<!DOCTYPE html >
< html lang = "zh">
< head >
    < meta charset = "UTF - 8">
    < meta name = "viewport" content = "width = device - width, initial - scale = 1.0">
    < meta http - equiv = "X - UA - Compatible" content = "ie = edge">
    < title ></title>
</head >
< body >
    < h1 >页面 1 </h1>
    < button onclick = "openPage()">打开新页面</button>

    < script type = "text/javascript">
```

```
        function openPage(){
            window.open('demo2.html')
        }
    </script>
</body>
</html>
```

将该页面放到本地服务器中启动,在浏览器中访问该页面的效果如图 10.2 所示。

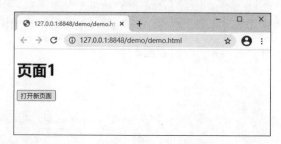

图 10.2   demo.html 访问效果

在 demo.html 中使用 window.open()方法打开 demo2.html 页面,demo2.html 页面也是一个静态网页,示例代码如下。

```
<!DOCTYPE html>
<html>
    <head>
        <meta charset = "utf - 8">
        <title></title>
    </head>
    <body>
        <h2>页面 2</h2>
    </body>
</html>
```

单击 demo.html 页面中的按钮,打开 demo2.html 页面,demo2.html 页面在浏览器中运行的效果如图 10.3 所示。

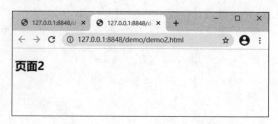

图 10.3   demo2.html 访问效果

通过浏览器的地址栏可以看出,第一个页面和第二个页面是同源关系,所以可以在第二个页面中操作第一个页面的 DOM,比如将第一个页面全部隐藏,示例代码如下。

```
let pdom = opener.document
pdom.body.style.display = "none"
```

上面代码中,对象 opener 就是指向第一个页面的 window 对象,可以通过操作 opener 来控制第一个页面中的 DOM。在第二个页面的控制台中执行上面那段代码,就成功地操作了第一个页面中的 DOM,将页面隐藏了,效果如图 10.4 所示。

图 10.4 页面 2 操作页面 1 的 DOM

如果打开的第二个页面和第一个页面不是同源的,那么它们就无法相互操作 DOM 了。例如,从 demo1.html 中打开百度的首面,由于它们的域名不同,所以不是同源的,然后还按照前面同样的步骤来操作。对 demo.html 的代码做修改,示例代码如下。

```
<!DOCTYPE html>
<html lang = "zh">
<head>
    <meta charset = "UTF-8">
    <meta name = "viewport" content = "width = device-width, initial-scale = 1.0">
    <meta http-equiv = "X-UA-Compatible" content = "ie = edge">
    <title></title>
</head>
<body>
    <h1>页面 1</h1>
    <button onclick = "openPage()">打开百度</button>

    <script type = "text/javascript">
        function openPage(){
            window.open('http://www.baidu.com')
        }
    </script>
</body>
</html>
```

在浏览器中访问 demo.html，单击按钮打开百度首页，在百度页面的控制台中操作 demo.html 的 DOM，效果如图 10.5 所示。

127.0.0.1:8848/demo/demo.html
页面1
打开百度
百度一下，你就知道
baidu.com
百度一下
Elements
Console
Application
Sources
top
Filter
Default levels
let pdom = opener.document
pdom.body.style.display = "none"
Uncaught DOMException: Blocked a frame with origin "https://www.baidu.com" from accessing a cross-origin frame.
at <anonymous>:1:19
VM489:1

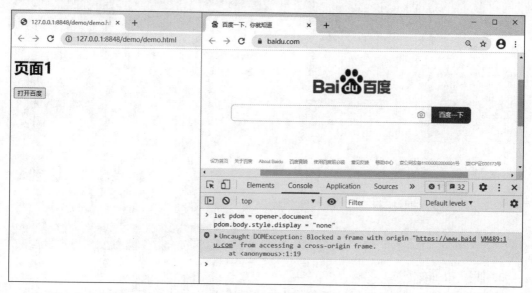

图 10.5　跨域操作 DOM 效果

从图 10.5 中可以看出，当在百度页面中访问本地服务器中 demo.html 页面中的 DOM 时，页面抛出了如图 10.6 所示的异常信息，这就是同源策略所发挥的作用。

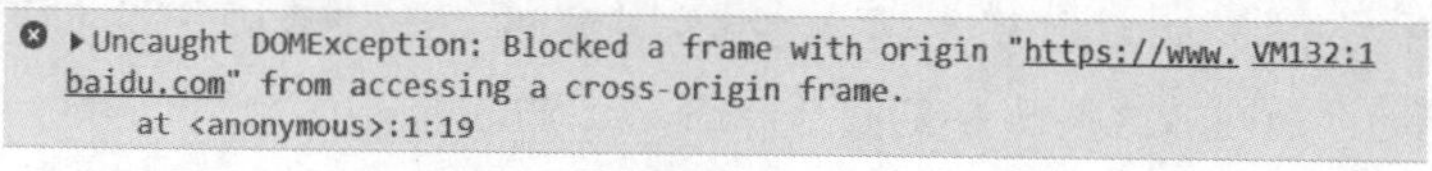

Uncaught DOMException: Blocked a frame with origin "https://www.baidu.com" from accessing a cross-origin frame.
VM132:1
at <anonymous>:1:19

图 10.6　跨域操作 DOM 错误信息

2. Web 数据层面

同源策略限制了不同源的站点读取当前站点的 Cookie、IndexDB、LocalStorage 等数据。由于同源策略，依然无法通过第二个页面的 opener 来访问第一个页面中的 Cookie、IndexDB 或者 LocalStorage 等内容。

3. 网络层面

由于 XMLHttpRequest 对象在默认情况下不能访问跨域的资源，同源策略限制了通过 XMLHttpRequest 等方式将站点的数据发送给不同源的站点。

10.4.3　同源策略的解决方案

1. 通过 jsonp 跨域

通常为了减轻 Web 服务器的负载，把 JavaScript、CSS，IMG 等静态资源分离到另一台独立域名的服务器上，在 HTML 页面中再通过相应的标签从不同域名下加载静态资源，而被浏览器允许，基于此原理，可以通过动态创建 Script，再请求一个带参网址实现跨域通信。

示例代码如下。

```
< script >
    var script = document.createElement('script');
    script.type = 'text/javascript';

    //传递参数并指定回调执行函数为 onBack
    script.src = 'http://www.demo2.com:8080/login?user = admin&callback = onBack';
    document.head.appendChild(script);

    //回调执行函数
    function onBack(res){
        alert(JSON.stringify(res));
    }
</script>
```

服务器端返回时即执行全局函数,示例代码如下。

```
onBack({"status": true, "user": "admin"})
```

2. 使用 iframe 跨域

在使用 iframe 解决浏览器跨域问题时,可以使用以下几种方式实现 iframe 跨域的操作。

(1)两个页面都通过 JavaScript 强制设置 document.domain 为基础主域,就实现了同域。

(2)借助第三个页面来实现另外两个不同源的跨域,不同域之间利用 iframe 的 location.hash 传值,相同域之间直接通过 JavaScript 访问来通信。

(3)使用 window.name 实现跨域,name 值在不同的页面,甚至是不同域名,加载后依旧存在,并且可以支持最长 2MB 的 name 值。

通过 iframe 的 src 属性由外域转向本地域,跨域数据即由 iframe 的 window.name 从外域传递到本地域。这就巧妙地绕过了浏览器的跨域访问限制,但同时它又是安全操作。

3. postMessage 跨域

postMessage 是 HTML5 XMLHttpRequest Level 2 中的 API,且是为数不多可以跨域操作的 window 属性之一,它可用于解决以下方面的问题。

(1)网页及其新窗口的数据传输。

(2)多窗口之间消息传递。

(3)页面与嵌套的 iframe 消息传递。

(4)上面三个场景的跨域数据传递。

postMessage(data,origin)方法接收两个参数:data 参数,是 HTML 5 规范支持任意基本类型或可复制的对象,但部分浏览器只支持字符串,所以传递参数时最好用 JSON.stringify()序列化;origin 参数,是协议+主机+端口号,也可以设置为"*",表示可以传递给任意窗口,如果要指定和当前窗口同源设置为"/"。

页面 1,示例代码如下。

```
<iframe id = "iframe" src = "http://www.demo2.com/b.html" style = "display:none;"></iframe>
<script>
    var iframe = document.getElementById('iframe');
    iframe.onload = function(){
        var data = {
            name: 'aym'
        };
        //向 domain2 传送跨域数据
        iframe.contentWindow.postMessage(JSON.stringify(data), 'http://www.demo2.com');
    };

    //接收 domain2 返回数据
    window.addEventListener('message', function(e) {
        alert('data from demo2 ---> ' + e.data);
    }, false);
</script>
```

页面 2,示例代码如下。

```
<script>
    //接收 domain1 的数据
    window.addEventListener('message', function(e) {
        alert('data from demo1 ---> ' + e.data);

        var data = JSON.parse(e.data);
        if (data){
            data.number = 16;

            //处理后再发回 domain1
            window.parent.postMessage(JSON.stringify(data), 'http://www.demo1.com');
        }
    }, false);
</script>
```

4. 跨域资源共享

普通跨域请求,只需要在服务器端设置 Access-Control-Allow-Origin 即可,前端无须设置,若要带 Cookie 请求,前后端都需要设置。由于同源策略的限制,所读取的 Cookie 为跨域请求接口所在域的 Cookie,而非当前页。

目前,所有浏览器都支持该功能(IE 8 以 IE8 以上版本中需要使用 XDomainRequest 对象来支持 CORS),CORS 已经成为主流的跨域解决方案。

前端设置,示例代码如下。

```
var xhr = new XMLHttpRequest(); //IE 8/9 需用 window.XDomainRequest 兼容

//前端设置是否带 Cookie
xhr.withCredentials = true;
```

```
xhr.open('post', 'http://www.demo2.com:8080/login', true);
xhr.setRequestHeader('Content-Type', 'application/x-www-form-urlencoded');
xhr.send('user=admin');

xhr.onreadystatechange = function(){
    if (xhr.readyState == 4 && xhr.status == 200){
        alert(xhr.responseText);
    }
};
```

也可以在服务器端设置 CORS,若后端设置成功,前端浏览器控制台则不会出现跨域报错信息,否则,说明没有设置成功。以 Node.js 服务器端代码为例,示例代码如下。

```
ar http = require('http');
var server = http.createServer();
var qs = require('querystring');

server.on('request', function(req, res) {
    var postData = '';

    //数据块接收中
    req.addListener('data', function(chunk) {
        postData += chunk;
    });

    //数据接收完毕
    req.addListener('end', function() {
        postData = qs.parse(postData);

        //跨域后台设置
        res.writeHead(200, {
            'Access-Control-Allow-Credentials': 'true',          //后端允许发送 Cookie
            'Access-Control-Allow-Origin': 'http://www.demo1.com',
                                                      //允许访问的域(协议+域名+端口)
            'Set-Cookie': 'l=a123456;Path=/;Domain=www.demo2.com;HttpOnly'
                                                      //HttpOnly:脚本无法读取 Cookie
        });

        res.write(JSON.stringify(postData));
        res.end();
    });
});

server.listen('8080');
console.log('Server is running at port 8080...');
```

5. nginx 代理跨域

同源策略是浏览器的安全策略,不是 HTTP 的一部分。服务器端调用 HTTP 接口只是使用 HTTP,不会执行 JavaScript 脚本,不需要同源策略,也就不存在跨越问题。通过

nginx 配置一个代理服务器（域名与 demo1 相同，端口不同）作跳板机，反向代理访问 demo2 接口，并且可以顺便修改 Cookie 中的 demo 信息，方便当前域 Cookie 写入，实现跨域登录。

nginx 具体配置如下。

```
# proxy 服务器
server{
    listen        81;
    server_name  www.demo1.com;

    location /{
        proxy_pass    http://www.demo2.com:8080;   # 反向代理
        proxy_cookie_demo www.demo2.com www.demo1.com; # 修改 Cookie 里的域名
        index   index.html index.htm;

        # 当用 webpack-dev-server 等中间件代理接口访问 nignx 时，此时无浏览器参与，故没有
        # 同源限制，下面的跨域配置可不启用
        add_header Access-Control-Allow-Origin http://www.demo1.com;   # 当前端只跨域不
                                                                # 带 Cookie 时，可为 *
        add_header Access-Control-Allow-Credentials true;
    }
}
```

前端发送 Ajax 异步请求，示例代码如下。

```
var xhr = new XMLHttpRequest();

//前端开关：浏览器是否读写 Cookie
xhr.withCredentials = true;

//访问 nginx 中的代理服务器
xhr.open('get', 'http://www.demo1.com:81/?user=admin', true);
xhr.send();
```

使用 Node.js 搭建后台，示例代码如下。

```
var http = require('http');
var server = http.createServer();
var qs = require('querystring');

server.on('request', function(req, res) {
    var params = qs.parse(req.url.substring(2));

    //向前台写 Cookie
    res.writeHead(200, {
        'Set-Cookie': 'l=a123456;Path=/;Domain=www.demo2.com;HttpOnly'
//HttpOnly:脚本无法读取
```

```
    });

    res.write(JSON.stringify(params));
    res.end();
});

server.listen('8080');
console.log('Server is running at port 8080...');
```

6. node 中间件代理跨域

node 中间件实现跨域代理，原理大致与 nginx 相同，都是通过启动一个代理服务器，实现数据的转发，也可以通过设置 cookieDomainRewrite 参数修改响应头中 Cookie 中域名，实现当前域的 Cookie 写入，方便接口登录认证。

利用 node ＋ express ＋ http-proxy-middleware 搭建一个 proxy 服务器。在前端发送 Ajax 异步请求，示例代码如下。

```
var xhr = new XMLHttpRequest();

//前端开关：浏览器是否读写 Cookie
xhr.withCredentials = true;

//访问 http-proxy-middleware 代理服务器
xhr.open('get', 'http://www.demo1.com:3000/login?user=admin', true);
xhr.send();
```

使用 Express 框架搭建中间件服务器，示例代码如下。

```
var express = require('express');
var proxy = require('http-proxy-middleware');
var app = express();

app.use('/', proxy({
    //代理跨域目标接口
    target: 'http://www.demo2.com:8080',
    changeOrigin: true,

    //修改响应头信息，实现跨域并允许带 Cookie
    onProxyRes: function(proxyRes, req, res){
        res.header('Access-Control-Allow-Origin', 'http://www.domain1.com');
        res.header('Access-Control-Allow-Credentials', 'true');
    },

    //修改响应信息中的 Cookie 域名
    cookieDomainRewrite: 'www.demo1.com'   //可以为 false,表示不修改
}));

app.listen(3000);
console.log('Proxy server is listen at port 3000...');
```

项目服务器可以使用任意的服务器端编程语言,还是以 Node.js 作为后台,示例代码如下。

```
ar http = require('http');
var server = http.createServer();
var qs = require('querystring');

server.on('request', function(req, res) {
    var params = qs.parse(req.url.substring(2));

    //向前台写 Cookie
    res.writeHead(200, {
        'Set-Cookie': 'l = a123456;Path = /;Domain = www.demo2.com;HttpOnly'
//HttpOnly:脚本无法读取
    });

    res.write(JSON.stringify(params));
    res.end();
});

server.listen('8080');
console.log('Server is running at port 8080...');
```

7. WebSocket 协议跨域

WebSocket 是 HTML 5 的一种新的协议。它实现了浏览器与服务器全双工通信,同时允许跨域通信,是 server push 技术的一种很好的实现。

原生 WebSocket API 使用起来不太方便,使用 Socket.io,它很好地封装了 webSocket 接口,提供了更简单、灵活的接口,也对不支持 WebSocket 的浏览器提供了向下兼容。

前端发送 Ajax 异步请求,示例代码如下。

```
<div> user input: <input type = "text"></div>
<script src = "./socket.io.js"></script>
<script>
var socket = io('http://www.demo2.com:8080');

//连接成功处理
socket.on('connect', function() {
    //监听服务器端消息
    socket.on('message', function(msg) {
        console.log('data from server: ---> ' + msg);
    });

    //监听服务器端关闭
    socket.on('disconnect', function() {
        console.log('Server socket has closed.');
    });
});

document.getElementsByTagName('input')[0].onblur = function() {
    socket.send(this.value);
};
</script>
```

使用 Node.js 搭建后台,示例代码如下。

```
//启动 HTTP 服务
var server = http.createServer(function(req, res) {
    res.writeHead(200, {
        'Content - type': 'text/html'
    });
    res.end();
});

server.listen('8080');
console.log('Server is running at port 8080...');

//监听 socket 连接
socket.listen(server).on('connection', function(client) {
    //接收信息
    client.on('message', function(msg) {
        client.send('hello: ' + msg);
        console.log('data from client: ---> ' + msg);
    });

    //断开处理
    client.on('disconnect', function() {
        console.log('Client socket has closed.');
    });
});
```

扫码观看

10.5 RESTful 风格 API

10.5.1 RESTful API 概述

在学习 RESTful API 之前,先来了解一下什么是 API。

API(Application Programming Interface,应用程序接口)是一些预先定义的接口(如函数、HTTP 接口),或指软件系统不同组成部分衔接的约定,用来提供应用程序与开发人员基于某软件或硬件得以访问的一组例程,而又无须访问源码,或理解内部工作机制的细节。

在本章中讨论的是 HTTP 接口。上面的定义过于抽象了,举个生活中的例子,例如,去超市买饮料,不需要知道这瓶饮料是如何被生产出来的,顾客付过钱之后就能得到一瓶饮料。超市就像是一台服务器,顾客就是客户端,钱就是客户端向服务器请求获得饮料的参数。说得更加直白一点,调用 API 的过程,就是顾客和超市交易的过程,一手交钱一手交货,那么生产饮料的过程,就是 API 背后的工作。

用计算机的术语解释,开发人员通过访问其他开发人员编写的代码,API 提供访问的渠道。如果需要开发一个具有天气预报功能的应用,只需要调用气象局对外开发的 API,在自己的程序中调用查询城市天气的接口时,实际上就是请求气象服务器的查询功能,无须考虑气象局是如何实现该功能的,也不用知道他们用的是什么编程语言,只需要按照规范发起

HTTP 请求就可以了。

那什么是 RESTful API 呢？REST 即表述性状态传递（Representational State Transfer），是 Roy Fielding 博士在 2000 年的博士论文中提出来的一种软件架构风格。它是一种针对网络应用的设计和开发方式，可以降低开发的复杂性，提高系统的可伸缩性。

RESTful 基于 HTTP，可以使用 XML 格式定义或 JSON 格式定义。RESTful 适用于移动互联网厂商作为业务接口的场景，实现第三方 OTT 调用移动网络资源的功能，动作类型为新增、变更、删除所调用资源。

REST 描述的是在网络中客户端和服务器端的一种交互的形式，REST 不是一种协议，本身没有太大的作用，实用的是如何设计 RESTful API(REST 风格的接口)。

10.5.2 为什么要使用 RESTful 结构

在早期的 Web 应用开发中，前后端是在一起开发的，在这个时期有很多服务器端渲染模板，如 JSP 等。这在当时那个 PC 时代是没有问题的，但是发展到移动互联网时代，各种前端框架应运而生，为了降低开发成本和学习成本，提高代码的复用率，前后端开始分离。在这种前后端分离开发的场景下，使用接口的方式可以让代码的复用率更高，如图 10.7 所示。

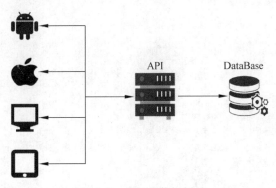

图 10.7　接口的使用场景

在使用传统的 URL 格式设计接口时，需要使用"?"表示路径和参数的分隔符，如果参数特别多，就会让 URL 显得很臃肿。例如：

```
https://demourl.com/getWeather?city = 北京 &key = 12345
```

如果使用 RESTful 的风格设计接口，就会显得很简洁。例如：

```
https://demourl.com/getWeather/北京/12345
```

10.5.3 RESTful API 的实现

Express.js 是一个轻量且灵活的 Node.js Web 应用框架，可以快速搭建 Web 应用。其底层是对 Node.js 的 HTTP 模块进行封装，增加路由、中间件等特性，使用户能搭建应用级别的 Web 服务。Express 框架很适合开发 API 服务器，在 Express 中设计接口，需要使用路由对接口进行管理。

以查询图书为例，在本节案例中不使用数据库，示例代码中均为模拟数据库的静态数据。

1. 处理 GET 请求

示例代码如下。

```javascript
const express = require('express');
const app = express();
const Joi = require('joi');

app.use(express.json());

const books = [
    { id: 1, name: 'book1'},
    { id: 2, name: 'book2'},
    { id: 3, name: 'book3'},
];

app.get('/', (req, res) => {
    res.end('Hello World!');
});
//获取所有书籍
app.get('/api/books', (req, res) => {
    res.json(books).end();
});
//获取特定 id 的书籍
app.get('/api/books/:id', (req, res) => {
    let book = books.find(b => b.id === parseInt(req.params.id));
    if(!book) return res.status(404).json({msg: 'The book with the given ID not find.'});
    res.json(book).end();
});

const port = process.env.PORT || 5000;
app.listen(port, () => console.log('Listening on port ${port}'));
```

启动 Node 服务器，在浏览器中直接访问 http://localhost:5000/api/books，返回的 JSON 数据如下。

```javascript
{
    books : [
        { id: 1, name: 'book1'},
        { id: 2, name: 'book2'},
        { id: 3, name: 'book3'},
    ]
}
```

例如要通过 id 进行查询，访问的链接为 http://localhost:5000/api/books/2，表示要查询 id 为 2 的书籍，查询结果如下。

```
{
    book : {
        id: 1,
        name: 'book1'
    }
}
```

2. 处理 POST 请求

示例代码如下。

```
function validateBook(book){
    const schema = {
        name: Joi.string().min(3).required()
    };

    return Joi.validate(book, schema);
}

//使用 POST 方法添加书籍
app.post('/api/books', (req, res) => {
    const {error} = validateBook(req.body);
    if(error){
        return res.status(400).json({msg: error.details[0].message}).end();
    }

    const book = {
        id: books.length + 1,
        name: req.body.name
    };
    books.push(book);
    res.json(book).end();
});
```

POST 请求无法直接在浏览器中访问，可以使用测试工具实现请求，如 postman。在 postman 工具中使用 POST 类型请求到 http://localhost:5000/api/books，封装的参数对象如下。

```
{
    "name": "Node.js"
}
```

请求成功后返回的 JSON 数据如下。

```
{
    "id": 4,
    "name": "Node.js"
}
```

3. 处理 PUT 请求

示例代码如下。

```
//使用 PUT 方法修改书籍
app.put('/api/books/:id', (req, res) => {
    let book = books.find(b => b.id === parseInt(req.params.id));
    if(!book) return res.status(404).json({msg: 'The book with the given ID not find.'});

    const { error } = validateBook(req.body);
    if(error) return res.status(400).json({msg:
error.details[0].message}).end();

    book.name = req.body.name;
    res.json(book).end();
});
```

在 postman 中发送 PUT 类型的请求到 http://localhost:5000/api/books/1,封装的请求参数如下。

```
{
    "name": "Express"
}
```

请求成功后返回的 JSON 数据如下。

```
{
    "id": 1,
    "name": "Express"
}
```

4. 处理 DELETE 请求

示例代码如下。

```
//使用 DELETE 方法删除书籍
app.delete('/api/books/:id', (req, res) => {
    let book = books.find(b => b.id === parseInt(req.params.id));
    if(!book) return res.status(404).json({msg: 'The book with the given ID not find.'});

    const index = books.indexOf(book);
    books.splice(index, 1);

    res.json(book).end();
});
```

在 postman 工具中发送 DELETE 请求到 http://localhost:5000/api/books/1,请求成功后返回的 JSON 数据如下。

```
{
    "id": 1,
    "name": "book1"
}
```

第 11 章　　　　会 话 跟 踪

11.1　会话跟踪概述

扫码观看

11.1.1　HTTP 请求的特点

HTTP 是无状态协议,是指协议对于事务处理没有记忆能力,服务器不知道客户端是什么状态。当在浏览器中访问一个网站时,浏览器会向服务器发送 HTTP 请求,服务器根据请求响应数据,服务器响应结束后不会记录下任何的信息。如果从一个站点的某个页面跳转到另外一个页面,服务器无法判断这两次访问请求是否为同一个浏览器发起。Web 工作的方式就是在每个 HTTP 请求中都要包含所有必要的信息,服务器才能满足这个请求。

HTTP 是一个无状态协议,这就意味着每个请求都是独立的,keep-alive 没有改变这个结果。如果后续处理需要前面的信息,则浏览器必须重新传递这些信息,这会导致每次连接传送的数据量增大。另一方面,在服务器不需要先前信息时,它的响应速度也会变快。HTTP 的无状态特性有优点也有缺点,优点是可以解放服务器,每一次请求都不会造成不必要连接占用,缺点是每次请求会传输大量重复的内容。

随着互联网的发展,客户端与服务器端频繁交互的 Web 应用程序得到普及,同时这种 Web 应用程序的发展也受到了 HTTP 无状态特性的严重阻碍。于是,两种用于保持 HTTP 连接状态的技术就应运而生了,一个是 Cookie,另一个是 Session。

11.1.2　什么是会话跟踪

会话是指一个终端用户与交互系统进行通信的过程,例如,从输入账户密码进入操作系统到退出操作系统的过程就是一个会话的过程。

会话实际上就是状态维护方法。要实现会话,必须在客户端保持一些信息,否则服务器无法从一个请求到下一个请求中识别客户端。通常的做法是用一个包含唯一标识的 Cookie,然后服务器用这个标识获取相应的会话信息。当然,Cookie 不是实现这个目的的唯一手段,曾经有一段时间,Cookie 使用的情况非常泛滥,很多用户直接关闭了 Cookie,这也促使了其他维护状态的方法被发明出来,例如,在 URL 中添加会话信息。HTML 5 的本地存储也为会话提供了另一种选择。

从广义上来说,实现会话技术有两种方法,一种是把所有的信息都保存在 Cookie 中;另一种方法是在 Cookie 里保存一个唯一标识,其他的信息都保存在服务器上。前一种方法是基于 Cookie 的会话,是把所有的信息都保存到了 Cookie 中,这也意味着把所有信息保存到了客户端浏览器中,这是一种极不安全的做法,所以不推荐使用这种方式实现会话。在客户端只能保存少量的信息,并且并不介意用户能够访问到这些信息,这种方式也不会随着时间的增长而失控。

11.1.3　会话跟踪的用途

如果想在整个网站中保存用户的偏好习惯,例如,要记住用户喜欢如何排列板块,或者是喜欢哪种日期格式,这些获取用户偏好的设置也不需要频繁登录账户,那么会话跟踪技术就会显得很有必要。会话最常见的用法是提供用户验证信息,登录后就会创建一个会话,之后就不用在每次重新加载页面时再登录一次。

扫码观看

11.2　Express 中的会话跟踪

11.2.1　Express 中的 Cookie

在 Express 中使用 Cookie 之前需要先引入中间件 cookie-parser,安装命令如下。

```
npm install -- save cookie-parser
```

在项目中使用 app. use()引入中间件,示例代码如下。

```
var cookie = require('cookie-parser');
app.use(cookie(credentials.cookieSecret));
```

完成上面的代码之后,就可以在任何能够访问到响应对象的地方设置 Cookie。示例代码如下。

```
res.cookie('monster', 'nom nom');
res.cookie('signed_monster', 'nom nom', { signed: true });
```

这里需要注意的是,签名的 Cookie 的优先级高于未签名的 Cookie,如果将签名 Cookie 命名为 signed_monster,那就不能用这个名字再命名为签名 Cookie(它返回时会变成 undefined)。

要获取客户端发送过来的 Cookie 的值,只需要访问请求对象的 Cookie 或 signedCookies 属性。示例代码如下。

```
var monster = req.cookies.monster;
var signedMonster = req.signedCookies.monster;
```

任何字符串都可以作为 Cookie 的名称。例如,可以用 'signed monster' 代替 'signed_monster',但这样必须用括号才能取到 Cookie:req. signedCookies['signed monster']。

要删除 Cookie,可以使用 res. clearCookie()方法,示例代码如下。

```
res.clearCookie('monster');
```

还可以用下面的选项设置 Cookie 的信息。

（1）domain，控制跟 Cookie 关联的域名。

（2）path，控制应用这个 Cookie 的路径。

（3）maxAge，指定客户端应该保存 Cookie 多长时间，单位是 ms。

（4）secure，指定该 Cookie 只通过安全（HTTPS）链接发送。

（5）httpOnly，将这个选项设为 true 表明这个 Cookie 只能由服务器修改。

（6）signed，设为 true 时会对这个 Cookie 签名，只能使用 res. signedCookies 访问。

11.2.2　Express 中的 Session

如果想要把会话信息保存到服务器上，就需要使用服务器的 session 对象，因为 session 对象是保存在内存中的，所以重启服务器后会话信息就会被销毁。因为 Express 中没有 session 这个中间件，所以使用前需要先安装，安装命令如下。

```
npm install -- save express - session
```

安装成功后，在项目中引入 express-session 之前需要先引入 cookie-parser。示例代码如下。

```
var cookie = require('cookie - parser');
var session = require('express - session');

app.use(cookie(credentials.cookieSecret));
app.use(session(option));
```

在使用 express-session 中间件时需要传入选项的配置对象，常用的配置对象属性如下。

（1）key，存放唯一会话标识的 Cookie 名称，默认为 connect. sid。

（2）store，会话存储的实例。

（3）cookie，会话 Cookie 的 Cookie 设置。

session 设置好以后，需要使用请求对象的 session 变量来设置 session 的属性。示例代码如下。

```
req.session.userName = 'Anonymous';
var colorScheme = req.session.colorScheme || 'dark';
```

需要注意的是，session 对象在设置值和获取值时，都是在请求对象上操作的，要删除会话，可以使用 JavaScript 的 delete 操作符。示例代码如下。

```
req.session.userName = null;        //将 'userName' 设为 null,但不会移除它
delete req.session.colorScheme;     //移除 'colorScheme'
```

第 12 章　Node.js 实现网络爬虫

扫码观看

12.1　网络爬虫概述

12.1.1　什么是网络爬虫

网络爬虫是一种按照一定的规则,自动地抓取万维网信息的程序或者脚本。随着网络的迅速发展,万维网成为大量信息的载体,如何有效地提取并利用这些信息成为一个巨大的挑战。搜索引擎(Search Engine),例如传统的通用搜索引擎百度、Google 等,作为辅助人们检索信息的工具,成为用户访问万维网的入口和指南。但是,这些通用搜索引擎也存在着一定的局限性,例如,不同领域的用户需求不同,有限的搜索引擎服务器资源和无限的网络数据资源之间的矛盾将进一步加深。

为了解决上述问题,定向抓取相关网页资源的聚焦爬虫应运而生。聚焦爬虫是一个自动下载网页的程序,它根据既定的抓取目标,有选择地访问万维网上的网页与相关的链接,获取所需要的信息。与通用爬虫不同,聚焦爬虫并不追求大的覆盖,而将目标定为抓取与某一特定主题内容相关的网页,为面向主题的用户查询准备数据资源。

12.1.2　网络爬虫的实现原理

网络爬虫是一个自动提取网页的程序,它为搜索引擎从万维网上下载网页,是搜索引擎的重要组成。传统爬虫从一个或若干初始网页的 URL 开始,获得初始网页上的 URL,在抓取网页的过程中,不断从当前页面上抽取新的 URL 放入队列,直到满足系统的一定停止条件。聚焦爬虫的工作流程较为复杂,需要根据一定的网页分析算法过滤与主题无关的链接,保留有用的链接并将其放入等待抓取的 URL 队列。然后,它将根据一定的搜索策略从队列中选择下一步要抓取的网页 URL,并重复上述过程,直到达到系统的某一条件时停止。另外,所有被爬虫抓取的网页将会被系统存储,进行一定的分析、过滤,并建立索引,以便于之后的查询和检索;对于聚焦爬虫来说,这一过程所得到的分析结果还可能对以后的抓取过程给出反馈和指导。

相对于通用网络爬虫,聚焦爬虫还需要解决以下三个主要问题。

(1) 对抓取目标的描述或定义。

(2) 对网页或数据的分析与过滤。

(3) 对 URL 的搜索策略。

12.1.3　Node.js 实现网络爬虫的优势

使用 Node.js 编写爬虫程序有两个方面的优势。

第一个是 Node.js 的驱动语言是 JavaScript。JavaScript 在 Node.js 诞生之前是运行在浏览器上的脚本语言，其优势就是对网页上的 DOM 元素进行操作，在网页操作上这是别的语言无法比拟的。而爬虫程序就是通过 HTTP 请求获取到网页代码，然后再解析网页中的 DOM 结构，所以，Node.js 在解析 DOM 方面有着天然的优势。

第二个方面，Node.js 是单线程异步的。在操作系统中进程对 CPU 的占有进行时间切片，每一个进程占有的时间很短，但是所有进程循环很多次，因此看起来就像是多个任务在同时处理。JavaScript 也是一样，JavaScript 里有事件池，CPU 会在事件池循环处理已经响应的事件，未处理完的事件不会放到事件池里，因此不会阻塞后续的操作。在爬虫上这样的优势就是在并发爬取页面上，一个页面未返回不会阻塞后面的页面继续加载，要做到这个不用像 Python 那样需要多线程。

12.2　基于 Node 实现的爬虫程序

扫码观看

12.2.1　安装依赖包

实现爬虫程序，需要安装必要的依赖包，安装命令如下。

```
# 安装 request 模块
cnpm i request -- save

# 安装 cheerio 模块
cnpm i cheerio -- save

# 安装 iconv - lite 模块
cnpm i iconv - lite -- save
```

request 模块的功能是用来建立对目标网页的链接，并返回相应的数据，其实就是在 Node 中用于发送 HTTP 请求的模块。

cheerio 的功能是用来操作 DOM 元素的，它可以把 request 返回来的数据转换成可供 DOM 操作的数据，cheerio 提供的 API 和操作 jQuery 类似，用"$"符号来选取对应的 DOM 节点，在这个方面对前端工程师来说非常容易上手。

request 返回的数据中会存在中文乱码，可以使用 iconv-lite 模块将返回的内容进行转码。

12.2.2　实现抓取数据

本节的案例是使用 Node 编写一个爬虫程序，实现抓取百度热搜数据，抓取的网址是 http://top.baidu.com/buzz?b=1&c=513&fr=topbuzz_b341。效果如图 12.1 所示。

创建项目的根目录，例如 d:\myapp，在根目录下启动命令行工具，执行以下命令。

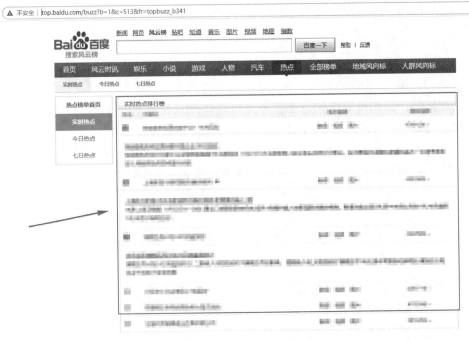

图 12.1　百度热搜数据

```
#初始化
npm init - y

#安装模块
cnpm i request cheerio iconv - lite -- save
```

在 myapp 目录下创建 index.js 文件,示例代码如下。

```javascript
const request = require('request')
const cheerio = require('cheerio')
const iconv = require('iconv-lite')

//发起请求
request({
    encoding: null,
    url: 'http://top.baidu.com/buzz?b = 1&c = 513&fr = topbuzz_b341'
},function(error,res,body){

    //获取 HTML 代码的字符串,使用 iconv-lite 解决乱码问题
    var html = iconv.decode(body,'gb2312').toString()

    //解析 DOM,获取超链接数据对象
    let data = setDatas(html)
    //打印数据
    console.log(data);
})
```

```
//解析 DOM 数据的函数
function setDatas(html){
    //用于存放对象
    let datas = []

    //使用 cheerio 解析
    var $ = cheerio.load(html)
    var table = $('table.list-table').children()

    //遍历 table 标签的子元素
    table.each(function(index,element){
        //获取所有带有标题的 a 标签
        let a = $(this).find('a.list-title')

        //遍历所有的 a 标签
        a.each(function(){

            //获取所有 a 标签上的 href 和 title 属性
            let href = $(this).attr('href')
            let title = $(this).text()

            //把数据追加到数组中
            datas.push({
                title,
                href
            })

        })
    })

    return datas
}
```

代码编写完成后,在命令行工具中执行:

```
node index
```

上面命令运行成功后,就实现了数据的抓取,效果如图 12.2 所示(图中对部分敏感数据做了涂黑处理)。

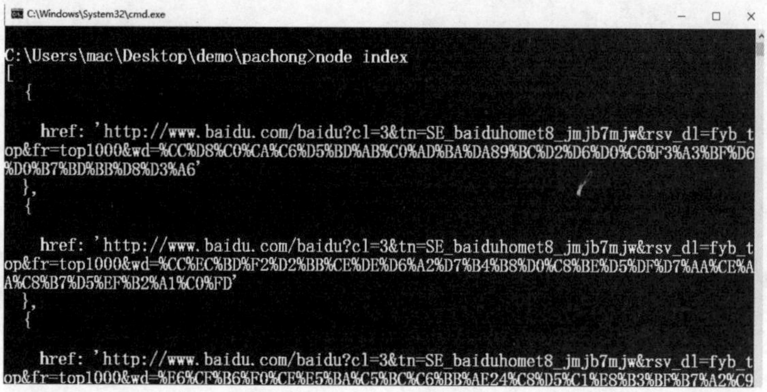

图 12.2　抓取的数据

12.2.3 实现爬虫的方法

使用 Node 实现爬虫程序有很多方法，最常见的有以下几种。

1. http.get＋cheerio＋iconv-lite

这种方式相对比较简单，容易理解，直接使用 HTTP 的 get 方法进行请求 URL，将得到的内容给 cheerio 解析，用 jQuery 的方式解析出要的内容即可。得到的结果中如果有中文乱码，用 iconv-lite 模块将得到的内容进行转码。示例代码如下。

```
http.get(options,function(result){
  var body = [];
  result.on('data',function(chunk){
    body.push(chunk);
  });
  result.on('end', function () {
    var html = iconv.decode(Buffer.concat(body), 'gb2312');   //注意这里 body 是数组
    var $ = cheerio.load(html);
    ...
  });
});
```

2. request＋cheerio＋iconv-lite

这种方式在获取内容的方式上与上述方式有些不同，可以直接获取到 Buffer 类型的数据，然后将得到的内容给 cheerio 解析，用 jQuery 的方式解析出想要的数据。如果出现中文乱码，仍然是使用 iconv-lite 模块对内容进行转码。示例代码如下。

```
request(options,function(err,res,body){
  if(err)console.log(err);
  if(!err&&res.statusCode == 200){
    var html = iconv.decode(body, 'gb2312');      //这里 body 是直接拿到的是 Buffer 类型的
//数据,可以直接解码
    var $ = cheerio.load(html);
    ...
  }
});
```

3. superagent＋cheerio＋superagent-charset

这种方式相比前面两个有较大差别，使用了 superagent 的 get 方法发起请求，解码时用到了 superagent-charse，用法还是很简单的，之后再将获取到的内容给 cheerio 解析，用 jQuery 的方式解析出想要的数据。

如果出现中文乱码可使用 superagent-charset 模块进行转码，方式较之上面有点差别。先在代码中加载 superagent-charset 模块，示例代码如下。

```
var charset = require("superagent-charset");

//将 superagent 模块传递给 superagent-charset;
var superagent = charset(require("superagent"));
```

然后再对返回结果进行解码,示例代码如下。

```
//用charset方法达到解码效果
superagent.get(url)
  .charset('gb2312')
  .end(function(err,result){
    if(err) console.log(err);
    var $ = cheerio.load(result.text);
    ...
  });
```

第 13 章 网 络 编 程

Node 具有事件驱动、非阻塞、单线程、异步 IO 等特性,很适合用于构建网络服务器端平台,其简单轻巧的特点,又适合在分布式服务中承担各种任务。同时,Node 也提供了很多用于构建网络平台的 API,使用这些 API 可以方便地搭建起一个网络服务器。在 Web 开发领域,很多编程语言都需要有专门的 Web 服务器作为容器,例如,JSP 需要 Tomcat 服务器,PHP 需要 Apache 或 Nginx 环境,ASP 需要 IIS 服务器等。但是对于 Node 而言,只需要几行代码就可以搭建起一个服务器,不需要额外的服务器容器。

Node 中提供了用于处理 TCP、UDP、HTTP、HTTPS 等协议的 API,很适合用于构建服务器端和客户端。

扫码观看

13.1 Node 构建 TCP 服务

13.1.1 TCP

TCP 是传输控制协议,在 OSI 模型中属于传输层协议。OSI 模型有七层,由底到顶分别是物理层、数据链路层、网络层、传输层、会话层、表示层、应用层,每一层实现各自的功能和协议,并完成与相邻层的接口通信。OSI 的服务定义详细说明了各层所提供的服务。某一层的服务就是该层及其下各层的一种能力,它们通过接口提供给更高一层。各层所提供的服务与这些服务是怎么实现的无关。OSI 模型七层协议示意图如图 13.1 所示。

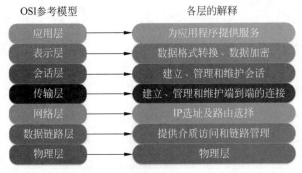

图 13.1　OSI 模型七层协议示意图

许多应用层协议都是基于 TCP 构建的,其中最典型的有 HTTP、SMTP、IMAP 等协议。TCP 是面向连接的协议,其显著的特征是在传输之前需要 3 次握手形成会话,服务器和客户端在会话建立之后才能互通数据。在创建会话的过程中,服务器和客户端分别提供一个套接字,这两个套接字共同形成一个连接。服务器和客户端则通过套接字实现两者之间的连接操作,效果如图 13.2 所示。

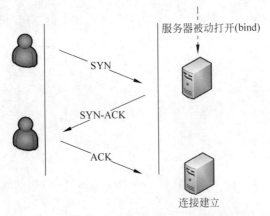

图 13.2　TCP 建立会话的 3 次挥手示意图

13.1.2　构建 TCP 服务器

使用 Node.js 创建 TCP 服务器,首先要使用 require('net') 来加载 net 模块,之后使用 net 模块的 createServer 方法就可以创建一个 TCP 服务器。示例代码如下。

```
net.createServer([options],[connectionListener])
```

options 是一个对象参数值,有两个布尔类型的属性:allowHalfOpen 和 pauseOnConnect。这两个属性默认值都是 false。connectionListener 是一个当客户端与服务器端建立连接时的回调函数,这个回调函数以 socket 端口对象作为参数。示例代码如下。

```
//引入 net 模块
var net = require('net');
//创建 TCP 服务器
var server = net.createServer(function(socket){

    console.log('hello');

})
```

使用 TCP 服务器的 listen 方法就可以开始监听客户端的连接,示例代码如下。

```
server.listen(port[,host][,backlog][,callback]);
```

port 参数为需要监听的端口号,参数值为 0 时将随机分配一个端口号;host 为服务器地址;backlog 为等待队列的最大长度;callback 为回调函数。

下面创建一个 TCP 服务器并监听 8001 端口,在本地的某一个文件夹中创建 index.js,然后编写构建 TCP 服务器的代码,示例代码如下。

```
//引入 net 模块
var net = require('net');
//创建 TCP 服务器
var server = net.createServer(function(socket){

    console.log('hello');

})
server.listen(8001,function(){

    console.log('server is listening');
});
```

在当前目录下启动命令行工具,执行 node index.js 命令,启动效果如图 13.3 所示。

图 13.3 启动 TCP 服务

服务成功启动后,在浏览器地址栏中输入"http://localhost:8001/",连接成功后控制台就会打印出"someone connects"字样,表明 createServer 方法的回调函数已经执行,说明已经成功连接这个 TCP 服务器。效果如图 13.4 所示。

图 13.4 向 TCP 服务器发送请求

13.2 Node 构建 UDP 服务

13.2.1 UDP 协议

UDP 是用户数据包协议,属于 OSI 七层模型中的网络传输层,与 TCP 类似。UDP 和 TCP 最大的区别是 TCP 是面向连接的,而 UDP 不是面向连接的。TCP 中连接一旦建立,所有的会话都基于连接完成,客户端如果要与另一个 TCP 服务通信,需要再创建一个套接字来完成连接。但是,在 UDP 中一个套接字可以与多个 UDP 服务通信,它虽然提供面向事务的简单不可靠信息传输服务,但是在网络差的环境下存在着丢包严重的问题,但是由于它无须连接,资源消耗低,处理快速且灵活,所以常常应用在那种偶尔丢一两个数据包也不会产生严重影响的场景,如音频、视频等。UDP 目前应用很广泛,DNS 服务就是基于 DUP 实现的。

13.2.2 创建 UDP 套接字

创建 UDP 套接字十分简单,UDP 套接字一旦创建,既可以作为客户端发送数据,也可以作为服务器端接收数据。示例代码如下。

```
var dgram = require('dgram')
var socket = dgram.createSocket('udp4')
```

13.2.3 创建 UDP 服务器和客户端

如果想让 UDP 套接字实现接收网络消息,只需要调用 dgram. bind(port,[address])方法对网卡和端口进行绑定就可以了。下面创建一个完整的服务器端,示例代码如下。

```
const dgram = require('dgram');

//创建 upd 套接字
//参数一表示套接字类型,'udp4' 或 'udp6'
//参数二表示事件监听函数,'message' 事件监听器
let server = dgram.createSocket('udp4');
//绑定端口和主机地址
server.bind(8888, '127.0.0.1');

//有新数据包被接收时,触发
server.on('message', function (msg, rinfo) {
    //msg 表示接收到的数据
    //rinfo 表示远程主机的地址信息
    console.log('接收到的数据 : ', msg.toString());
    console.log(rinfo);

    //发送数据,如果发送数据之前没有绑定过地址和端口,则会随机分配端口
    //参数 1 表示要发送的数据 string 或 buffer
    //参数 2 表示发送数据的偏移量
    //参数 3 表示发送数据的字节数
    //参数 4 表示目标端口
    //参数 5 表示目标主机名或 IP 地址
    //参数 6 表示消息发送完毕后的回调函数
    server.send('你好', 0, 6, rinfo.port, rinfo.address);
});

//开始监听数据包时,触发
server.on('listening', function () {
```

```
        console.log('监听开始');
});

//使用 close() 关闭 socket 之后触发
server.on('close', function () {
        console.log('关闭');
});

//发生错误时触发
server.on('error', function (err) {
        console.log(err);
});
```

接下来创建一个客户端与服务器端进行通话，示例代码如下。

```
const dgram = require('dgram');

let client = dgram.createSocket('udp4');
client.bind(3333, '127.0.0.1');

client.on('message', function (msg, rinfo) {
        console.log(msg.toString());
});

client.on('error', function (err) {
        console.log(err);
});

//给 8888 端口的 UDP 发送数据
client.send('你好', 0, 6, 8888, '127.0.0.1', function (error, bytes) {
        if (error){
                console.log(error);
        }
        console.log('发送了 ${bytes} 个字节数据');
});
```

UDP 中服务器与客户端并没有严格的划分，既可以作为服务器接收数据处理数据，也可以像客户端一样请求数据，彼此之间相对独立。

13.3　Node 构建 HTTP 服务

扫码观看

13.3.1　初识 HTTP 协议

HTTP（Hyper Text Transfer Protocol，超文本传输协议）构建在 TCP 之上，属于应用层协议。在 HTTP 的两端是服务器和浏览器，也就是 B/S 架构模式，主要应用于 Web 开发。Node 提供了基本的 http 和 https 模块用于 HTTP 和 HTTPS 的封装,所以使用 Node 构建 HTTP 服务器非常简单。

从协议的角度来看,现在的应用,如浏览器,其实就是一个 HTTP 的代理,用户的行为将会通过它转换为 HTTP 请求报文发送给服务器端,服务器端在处理请求后,发送响应报文给代理,代理在解析报文后,将用户需要的内容呈现在界面上。

13.3.2　Node 中的 http 模块

Node 的 http 模块包含对 HTTP 处理的封装,在 Node 中,HTTP 服务继承自 TCP 服务器(net 模块),它能够与多个客户端保持连接,由于其采用事件驱动的形式,并不为每一个连接创建额外的线程或进程,保持很低的内存占用,所以可以实现高并发。

HTTP 服务与 TCP 服务模型的区别在于,在开启 keep-alive 后,一个 TCP 会话可以用于多次请求和响应,TCP 服务以 connection 为单位进行服务,HTTP 服务以 request 为单位进行服务。http 模块就是将 connection 到 request 的过程进行了封装。除此之外,http 模块将连接所用的套接字的读写抽象为 ServerRequest 和 ServerResponse 对象,分别对应请求和响应操作。在请求产生的过程中,http 模块拿到连接中传过来的数据,调用二进制模块 http_parser 进行解析,在解析完请求报文的报头后,触发 request 事件,调用用户的业务逻辑。

Node 提供的 http 模块主要用于搭建 HTTP 服务器端和客户端,使用 HTTP 服务器或客户端功能必须调用 http 模块,示例代码如下。

```
var http = require('http');
```

下面演示一个最基本的 HTTP 服务器架构,在本地的某个文件夹下创建一个 index.js 文件,示例代码如下。

```
var http = require('http');

//创建服务器
http.createServer( function (request, response) {

    response.write('hello')
    //发送响应数据
    response.end();

}).listen(8080);

//控制台会输出以下信息
console.log('服务器已启动!');
```

在当前目录下启动命令行工具,运行 node index.js 命令,服务器启动成功后,控制台效果如图 13.5 所示。

在浏览器中访问 http://localhost:8080/,效果如图 13.6 所示。

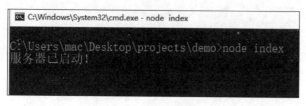

图 13.5　启动服务器

图 13.6　访问浏览器

13.4　Node 构建 WebSocket 服务

13.4.1　什么是 WebSocket

WebSocket 是 HTML 5 新增的一种通信协议,其特点是服务器端可以主动向客户端推送信息,客户端也可以主动向服务器端发送信息,是真正的双向平等对话,属于服务器推送技术的一种。WebSocket 要达到的目的是让用户不需要刷新浏览器就可以获得实时更新。效果如图 13.7 所示。

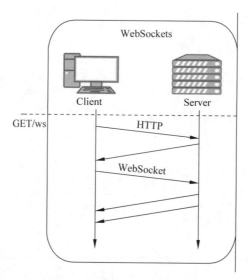

图 13.7　WebSocket 通信示意图

在 WebSocket 以前为了实现实时推送,经常使用的技术是 Ajax 轮询,这种操作会给服务器带来很大的压力,极大地消耗了服务器的带宽和资源。HTML 5 定义了 WebSocket 协议,可以更好地节省服务器资源和带宽并实现真正意义上的实时推送。

WebSocket 协议本质上是一个基于 TCP 的协议,它由通信协议和编程 API 组成,WebSocket 能够在浏览器和服务器之间建立双向连接,以基于事件的方式,赋予浏览器实时通信能力。既然是双向通信,就意味着服务器端和客户端可以同时发送并响应请求,而不再像 HTTP 的请求和响应。

13.4.2 WebSocket 实例的属性与方法

1. WebSocket 构造函数

WebSocket 对象作为一个构造函数,用于新建 WebSocket 实例,示例代码如下。

```
var ws = new WebSocket('ws://localhost:8080');
```

执行上面的示例代码后,客户端就会与服务器进行连接。

2. webSocket. readyState

readyState 属性返回实例对象的当前状态,共有四种。

(1) CONNECTING:值为 0,表示正在连接。

(2) OPEN:值为 1,表示连接成功,可以通信了。

(3) CLOSING:值为 2,表示连接正在关闭。

(4) CLOSED:值为 3,表示连接已经关闭,或者打开连接失败。

获取到当前 WebSocket 实例后,可以通过 readyState 属性判断当前的状态,示例代码如下。

```
switch (ws.readyState){
  case WebSocket.CONNECTING:
    //do something
    break;
  case WebSocket.OPEN:
    //do something
    break;
  case WebSocket.CLOSING:
    //do something
    break;
  case WebSocket.CLOSED:
    //do something
    break;
  default:
    //this never happens
    break;
}
```

3. webSocket. onopen

实例对象的 onopen 属性,用于指定连接成功后的回调函数。示例代码如下。

```
ws.onopen = function (){
  ws.send('Hello Server!');
}
```

如果要指定多个回调函数,可以使用 addEventListener 方法。

```
ws.addEventListener('open', function (event) {
  ws.send('Hello Server!');
});
```

4. webSocket.onclose

实例对象的 onclose 属性,用于指定连接关闭后的回调函数。示例代码如下。

```
ws.onclose = function(event){
  var code = event.code;
  var reason = event.reason;
  var wasClean = event.wasClean;
  //handle close event
};

ws.addEventListener("close", function(event) {
  var code = event.code;
  var reason = event.reason;
  var wasClean = event.wasClean;
  //handle close event
});
```

5. webSocket.onmessage

实例对象的 onmessage 属性,用于指定收到服务器数据后的回调函数。示例代码如下。

```
ws.onmessage = function(event){
  var data = event.data;
  //处理数据
};

ws.addEventListener("message", function(event) {
  var data = event.data;
  //处理数据
});
```

注意,服务器数据可能是文本,也可能是二进制数据(blob 对象或 ArrayBuffer 对象)。示例代码如下。

```
ws.onmessage = function(event){
  if(typeof event.data === String){
    console.log("Received data string");
  }

  if(event.data instanceof ArrayBuffer){
    var buffer = event.data;
    console.log("Received arraybuffer");
  }
}
```

除了动态判断收到的数据类型，也可以使用 binaryType 属性，显式指定收到的二进制数据类型。示例代码如下。

```
//收到的是 blob 数据
ws.binaryType = "blob";
ws.onmessage = function(e){
  console.log(e.data.size);
};

//收到的是 ArrayBuffer 数据
ws.binaryType = "arraybuffer";
ws.onmessage = function(e){
  console.log(e.data.byteLength);
};
```

6. webSocket.bufferedAmount

实例对象的 bufferedAmount 属性，表示还有多少字节的二进制数据没有发送出去。它可以用来判断发送是否结束。示例代码如下。

```
var data = new ArrayBuffer(10000000);
socket.send(data);

if (socket.bufferedAmount === 0){
  //发送完毕
} else {
  //发送还没结束
}
```

7. webSocket.onerror

实例对象的 onerror 属性，用于指定报错时的回调函数。示例代码如下。

```
socket.onerror = function(event){
  //handle error event
};

socket.addEventListener("error", function(event) {
  //handle error event
});
```

8. webSocket.send()

实例对象的 send() 方法用于向服务器发送数据。发送文件示例代码如下。

```
ws.send('your message');
```

发送 Blob 对象示例代码如下。

```
var file = document
  .querySelector('input[type = "file"]')
  .files[0];
ws.send(file);
```

发送 ArrayBuffer 对象示例代码如下。

```
//Sending canvas ImageData as ArrayBuffer
var img = canvas_context.getImageData(0, 0, 400, 320);
var binary = new Uint8Array(img.data.length);
for (var i = 0; i < img.data.length; i++){
  binary[i] = img.data[i];
}
ws.send(binary.buffer);
```

9. webSocket.close()

webSocket.close()方法用于关闭 WebSocket 连接。如果连接已经关闭,则此方法不执行任何操作。该方法有以下两个参数。

(1) code,可选参数,表示数字状态码,它解释了连接关闭的原因。如果没有传递这个参数,默认使用 1005。

(2) reason,可选参数,表示一个可读的字符串,它解释了连接关闭的原因。这个 UTF-8 编码的字符串不能超过 123B。

13.4.3 构建 WebSocket 服务

在创建 WebSocket 服务器之前,需要先安装 nodejs-websocket 模块,安装命令如下。

```
npm i nodejs-websocket -S
```

在本地的某一个文件夹下创建 server.js 文件作为服务器端,示例代码如下。

```
var ws = require("nodejs-websocket");
console.log("开始建立连接...")

var server = ws.createServer(function(conn){
  conn.on("text", function (str) {
    console.log("message:" + str)
    conn.sendText("My name is WebOne!");
  })
  conn.on("close", function (code, reason) {
    console.log("关闭连接")
  });
  conn.on("error", function (code, reason) {
    console.log("异常关闭")
  });
}).listen(8001)
console.log("WebSocket 建立完毕")
```

接下来是客户端的 WebSocket 连接,示例代码如下。

```
if(window.WebSocket){
  var ws = new WebSocket('ws://localhost:8001');

  ws.onopen = function(e){
    console.log("连接服务器成功");
    //向服务器发送消息
    ws.send("what's your name?");
  }
  ws.onclose = function(e){
    console.log("服务器关闭");
  }
  ws.onerror = function(){
    console.log("连接出错");
  }
  //接收服务器的消息
  ws.onmessage = function(e){
    let message = "message:" + e.data + "";
    console.log(message);
  }
}
```

在服务器端文件所在的目录下启动命令行工具,执行 node server.js 命令。服务器启动成功后,效果如图 13.8 所示。

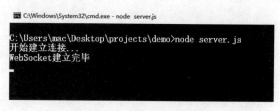

图 13.8　启动 Socket 服务

在浏览器中访问客户端页面,效果如图 13.9 所示。

图 13.9　访问客户端浏览器

Socket 通信建立后,服务器会接收到客户端连接的信息,效果如图 13.10 所示。

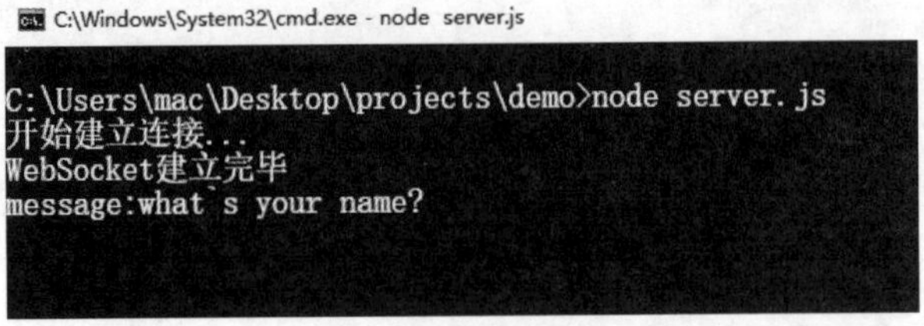

图 13.10　服务器接收客户端连接

在客户端发送 ws. send("what's your name?");,服务器端回复 conn. sendText("My name is WebOne!");,只要连接不断开,就可以一直通信。

第 14 章 项目实战：Express 开发投票管理系统

本章将使用 Express 框架开发一个优秀人物投票评选管理系统（后面简称"投票系统"），该项目案例是基于 Express ＋ MongoDB 实现服务器端开发，使用 Layui 作为前端 UI 框架，是一个包含前台网站和后台管理系统的 Web 应用，适合有一定前端基础的开发者进行学习。

14.1 项目概述

扫码观看

该投票系统分为前台 Web 网站和后台管理系统，用户通过后台管理系统管理网站中的数据，后台管理系统主要有以下功能。
（1）候选对象管理。
（2）投票主题管理。
（3）系统用户管理。
（4）投票环节管理。
（5）投票统计管理。
用户在前台网站中可以为自己支持的候选人投票。

14.1.1 开发环境

本项目是基于 Express＋MongoDB 开发的一款 Web 应用，使用 Express 脚手架工具创建项目。在指定的硬盘目录处启动命令行工具，例如，在 C:\project 目录下打开命令行工具，并执行以下命令。

```
＃安装脚手架
npm i － g express

＃创建项目
express － e toupiao
```

上面命令执行成功后，在本地创建名为 toupiao 的项目，在命令行窗口中进入到项目根目录下，然后执行初始化依赖的命令。

```
＃初始化依赖
cnpm install
```

```
#启动项目
npm start
```

项目启动成功后,在浏览器中访问 http://localhost:3000/打开项目的根目录,效果如图 14.1 所示。

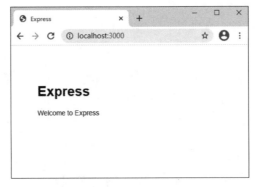

图 14.1　项目首页效果

14.1.2　项目结构

项目结构如图 14.2 所示。

图 14.2　项目结构

项目结构中主要文件说明如下。

bin:项目的执行文件管理目录。

controller:项目的控制层,用于管理功能模块的业务逻辑。

db:数据库管理目录。

model:项目的数据模型层,用于管理 Schema 文档对象。

node_modules:项目的依赖管理目录。

public:项目静态资源文件管理目录。

routes:项目路由管理目录。

views:项目模板引擎的视图文件管理目录。

app.js:项目的入口文件。

package.json:项目的 npm 配置文件。

14.2　数据库设计

扫码观看

项目使用的 MongoDB 数据,首先要在本地开发环境下安装 MongoDB 数据库,在项目中使用 mongoose 第三方模块对数据做 CRUD 操作。执行下面的命令安装 mongoose 模块。

```
cnpm i mongoose -- save
```

14.2.1 连接数据库

在项目根目录下创建 db\connect.js 文件,在文件中编写连接数据库的代码。示例代码如下。

```
var mongoose = require('mongoose')

function getConnect(){
    mongoose.connect('mongodb://localhost/toupiao')
    .then(() => console.log('数据库连接成功'))
    .catch(err => console.log('数据库连接失败', err));
}

module.exports = getConnect
```

在 app.js 入口文件中引入 connect.js 文件,并且调用 getConnect()方法,在项目启动后自动连接 MongoDB 数据库。在 app.js 文件中编写引入 connect.js 的代码。示例代码如下。

```
var getConnect = require('./db/connect');
getConnect();
```

14.2.2 创建 Schema 文档对象

在项目中创建好 Schema 文档对象后,如果需要操作的集合不存在,会自动在数据库中创建对应的集合。在项目中创建 model\index.js 文件,用户管理项目中所有模块的 Schema 对象。示例代码如下。

```
var mongoose = require('mongoose')

//用户管理模型
const userSchema = new mongoose.Schema({
    username: String,
    password: String
});
const User = mongoose.model('users', userSchema);

//投票主题管理
const voteSchema = new mongoose.Schema({
    title: String,              //主题标题
    desc: String,               //主题描述
    createTime: String,         //创建时间
    startDate: String,          //投票开始时间
    endDate: String,            //投票结束时间
    persons: Array,             //候选对象集合
    num: Number                 //投票数
```

```
});
const Vote = mongoose.model('votes', voteSchema);

//候选对象管理
const personSchema = new mongoose.Schema({
    name: String,                      //候选人姓名
    desc: String,                      //候选人介绍
    photo: String                      //候选人照片
});
const Person = mongoose.model('persons', personSchema);

//投票环节管理
const flowpathSchema = new mongoose.Schema({
    createTime: String,                //投票时间
    ip: String,                        //网友 IP 地址
    address: String,                   //网友所在地区
    vote: Object,                      //投票主题
    person: Object,                    //投票对象
});
const Flowpath = mongoose.model('flowpaths', flowpathSchema);

module.exports = {
    User,
    Vote,
    Person,
    Flowpath
};
```

14.2.3 封装 CRUD 函数

无论是哪个模板，都需要对数据进行增、删、改、查操作，为了避免代码冗余，提升代码的可复用率，将所有操作增删改查的代码封装到 controller 控制层。创建 controller\index. js 文件，示例代码如下。

```
/**
 * 控制层函数封装
 * add(Entity, params, res)
 * update(Entity, where, params, res)
 * del(Entity, where, res)
 * find(Entity, where, res)
 * findOne(Entity, where, res)
 * findAll(Entity, page, pageSize, where, sort, res)
 */

/**
 * 用于添加数据的函数
 * @param {Object} Entity 要添加的数据库对象
 * @param {Object} params 要添加的参数
```

```
 * @param {Object} res 响应对象
 */
function add(Entity, params, res) {
    Entity.create(params).then(rel => {
        if (rel) {
            res.json({
                code: 200,
                msg: '添加成功',
                data: rel
            })
        } else {
            res.json({
                code: 400,
                msg: '添加失败',
                data: null
            })
        }

    }).catch(err => {
        res.json({
            code: 500,
            msg: '添加时出现异常',
            data: null
        })
    })
}


/**
 * 用于修改数据的函数
 * @param {Object} Entity 要修改的数据库对象
 * @param {Object} where 修改查询的条件
 * @param {Object} params 修改后的数据参数
 * @param {Object} res 响应对象
 */
function update(Entity, where, params, res) {
    Entity.updateOne(where, params).then(rel => {
        if (rel.n > 0) {
            res.json({
                code: 200,
                msg: '更新成功'
            })
        } else {
            res.json({
                code: 400,
                msg: '更新失败'
            })
        }

    }).catch(err => {
        res.json({
```

项目实战：Express 开发投票管理系统

```
                code: 500,
                msg: '更新时出现异常'
            })
        })
}


/**
 * 用于删除数据的函数
 * @param {Object} Entity 要删除的数据库对象
 * @param {Object} where 要删除条件的参数
 * @param {Object} res 响应对象
 */
function del(Entity, where, res) {
    Entity.findOneAndDelete(where).then(rel => {
        if (rel) {
            res.json({
                code: 200,
                msg: '删除成功'
            })
        } else {
            res.json({
                code: 400,
                msg: '删除失败'
            })
        }

    }).catch(err => {
        res.json({
            code: 500,
            msg: '删除时出现异常'
        })
    })
}


/**
 * 查询单个元素
 * @param {Object} Entity 要查询的数据库对象
 * @param {Object} where 查询条件
 * @param {Object} res 响应对象
 */
function findOne(Entity, where, res) {
    Entity.findOne(where).then(rel => {
        if (rel) {
            res.json({
                code: 200,
                msg: '查询成功',
                data: rel
            })
```

```
        } else {
            res.json({
                code: 400,
                msg: '没有查询到数据',
                data: null
            })
        }
    }).catch(err => {
        res.json({
            code: 500,
            msg: '查询时出现异常',
            data: null
        })
    })
}


/**
 * 查询所有,不分页
 * @param { * } Entity
 * @param { * } where
 * @param { * } res
 */
function find(Entity, where, res){
    if(!where){
        where = {}
    }
    Entity.find(where).then(rel =>{
        res.json({
            list: rel
        })
    }).catch(err =>{
        res.json({
            list: []
        })
    })
}


/**
 * 查询数据量,返回值为数据量值
 * @param { * } Entity 要查询的实体对象
 * @param { * } where 查询条件
 */
async function count(Entity, where){
    if(!where){
        where = {}
    }
    let count = 0;
    await Entity.find(where).count().then(rel =>{
        count = rel
```

```
    })

    return count
}

/**
 * 查询所有元素 - 分页
 * @param {Object} Entity 要查询的数据库对象
 * @param {Object} page 当前页码
 * @param {Object} pageSize 每页查询条数
 * @param {Object} where 查询条件
 * @param {Object} sort 排序条件
 * @param {Object} res 响应对象
 */
async function findAll(Entity, page, pageSize, where, sort, res) {
    //处理页面
    if (!page) {
        page = 1
    }else if(isNaN(page)){
        page = 1
    }else if(page < 1){
        page = 1
    }else{
        page = Math.abs(Number(page))
    }

    //处理每页条数
    if (!pageSize) {
        pageSize = 10
    }else if(isNaN(pageSize)){
        pageSize = 10
    }else{
        pageSize = Math.abs(Number(pageSize))
    }

    //查询总条数
    let count = 0

    if(!where){
        where = {}
    }

    await Entity.find(where).count().then(rel => {
        count = rel
    })

    let totalPage = Math.ceil(count/pageSize)
    if(totalPage > 0 && page > totalPage){
        page = totalPage
    }
```

```
//计算起始位置
let start = (page - 1) * pageSize



//分页查询
if(!sort){
    sort = {}
}

await Entity.find(where).sort(sort).skip(start).limit(pageSize).then(rel => {
    if (rel && rel.length > 0) {
        res.json({
            code: 200,
            msg: '查询成功',
            data: rel,
            pageSize,
            page,
            count
        })
    } else {
        res.json({
            code: 400,
            msg: '没有查询到数据',
            data: [],
            pageSize,
            page,
            count
        })
    }
}).catch(err => {
    console.log(err)
    res.json({
        code: 500,
        msg: '查询时出现异常',
        data: [],
        pageSize,
        page,
        count
    })
})

}

module.exports = {
    add,            //添加函数
    update,         //修改函数
    del,            //删除函数
    find,           //查询所有,不分页
    findOne,        //查询单个元素
    findAll,        //查询所有元素
    count,          //查询数据量
}
```

14.2.4　封装文件上传业务逻辑

在项目的添加候选人功能模块中,需要上传候选人的照片,除此之外,将来为了方便上传功能的代码复用,把上传的业务逻辑封装为 upload 函数。在 routes 目录下创建 utils\upload.js 文件,编写文件上传的功能代码。示例代码如下。

```javascript
var express = require('express');
var router = express.Router();
var multer = require('multer');
var fs = require('fs');
var path = require('path');

//使用表单上传
var upload = multer({
  storage: multer.diskStorage({
    //设置文件存储位置
    destination: function(req, file, cb) {
      let date = new Date();
      let year = date.getFullYear();
      let month = (date.getMonth() + 1).toString().padStart(2, '0');
      let day = date.getDate();
      let dir = "./public/uploads/" + year + month + day;

      //判断目录是否存在,没有则创建
      if (!fs.existsSync(dir)) {
        fs.mkdirSync(dir, {
          recursive: true
        });
      }

      //dir 就是上传文件存放的目录
      cb(null, dir);
    },
    //设置文件名称
    filename: function(req, file, cb) {
      let fileName = file.fieldname + '-' + Date.now() + path.extname(file.originalname);
      //fileName 就是上传文件的文件名
      cb(null, fileName);
    }
  })
})

router.post('/file',upload.single("file"),function(req,res,next){
    let path = req.file.path
    let imgurl = path.substring(path.indexOf('\\'))
     res.json({
       imgurl
```

```
    })
})

module.exports = router
```

14.3 配置前端开发环境

14.3.1 静态文件管理

项目中的所有静态资源文件都在 public 目录下进行管理，public 目录下的静态文件分类效果如图 14.3 所示。

public 目录的文件说明如下。

css：管理 .css 样式文件。

images：管理所有的图片文件。

js：管理 .js 脚本文件。

layer：Layui 的弹框组件依赖。

layui：Layui 框架的核心依赖。

uploads：用于管理上传文件的目录。

图 14.3　静态资源文件目录

14.3.2 安装依赖

1. 安装 session

开发系统用户登录功能时，需要使用到会话跟踪的 session 对象和 Cookie 对象，在 Express 脚手架创建的项目中，自带了 Cookie 模块，需要手动安装 session，执行如下命令。

```
cnpm i express-session --save
```

session 模块安装成功后，在 app.js 入口文件中配置 session 信息，示例代码如下。

```
var session = require('express-session');
app.use(session({
    secret: 'recommand 128 bytes random string',
    cookie: { maxAge: 20 * 60 * 1000 },
    resave: true,
    saveUninitialized: true
}));
```

session 的配置信息必须在 cookie 对象配置信息的后面，否则不会生效。

2. 安装 multer

在实现上传候选人照片功能时，需要使用文件上传的模块，执行如下命令安装 multer 模块。

```
cnpm i multer --save
```

项目实战：Express 开发投票管理系统

3. 安装前端依赖

在前端开发过程中需要使用的依赖可以在对应的官网上下载，或者使用 CDN 的方式引入，前端开发中的依赖包括：jQuery，Layui，Layer，Vue.js。

14.4　后台功能模块开发

在整个后台管理系统中，所有页面的跳转都是使用路由完成的，为了统一管理页面跳转的路由，在 routes 目录下创建 index.js 文件，编写整个项目的路由管理代码。示例代码如下。

```javascript
var express = require('express');
var router = express.Router();

/**
 * 页面跳转路由管理
 */

//网站前台首页
router.get('/', function(req, res, next) {
  res.render('index', { title: 'Express' });
});

//后台登录
router.get('/admin/login', function(req, res, next) {
  res.render('admin/login', { msg: '' });
});

//后台首页
router.get('/admin/main', function(req, res, next) {
  let username = req.session.username
  if(username){
    res.render('admin/main',{
      username
    })
  }else{
    res.redirect('/admin/login')
  }
})

//投票统计
router.get('/page/admin/count', function(req, res, next) {
  res.render('admin/count')
})

//投票统计详情
router.get('/page/admin/count/detail', function(req, res, next) {
```

```
  res.render('admin/count_detail')
})


//投票环节
router.get('/page/admin/flowpath', function(req, res, next) {
  res.render('admin/flowpath')
})

//添加候选对象
router.get('/page/admin/person/add', function(req, res, next) {
  res.render('admin/person_add')
})

//添加候选对象
router.get('/page/admin/person/update', function(req, res, next) {
  res.render('admin/person_update')
})

//所有候选对象
router.get('/page/admin/person/list', function(req, res, next) {
  res.render('admin/person_list')
})

//添加新主题
router.get('/page/admin/vote/add', function(req, res, next) {
  res.render('admin/vote_add')
})

//修改新主题
router.get('/page/admin/vote/update', function(req, res, next) {
  res.render('admin/vote_update')
})

//所有投票主题
router.get('/page/admin/vote/list', function(req, res, next) {
  res.render('admin/vote_list')
})

//添加用户
router.get('/page/admin/user/add', function(req, res, next) {
  res.render('admin/user_add')
})

//所有用户
router.get('/page/admin/user/list', function(req, res, next) {
  res.render('admin/user_list')
})

//修改用户
```

```
router.get('/page/admin/user/update', function(req, res, next) {
  res.render('admin/user_update')
})

module.exports = router;
```

14.4.1 系统用户登录

系统登录的页面效果如图 14.4 所示。

图 14.4　后台系统登录页面

设计系统登录页面访问路由,路由地址为:

```
http://localhost:3000/admin/login
```

在 routes 目录下创建 routes\admin\users.js 文件,示例代码如下。

```
var express = require('express');
var router = express.Router();
var model = require('../../model');
var ctl = require('../../controller');

/**
* 用户管理
*/



//用户登录
```

```
router.post('/login', function(req, res, next) {
    let {username = '', password = ''} = req.body

    model.User.findOne({username,password}).then(rel =>{
      if(rel){
             req.session.username = username
        res.redirect('/admin/main')
      }else{
        res.render('admin/login',{
          msg: '账号或密码错误'
        })
      }
    }).catch(err =>{
      res.render('admin/login',{
        msg: '登录时出现异常'
      })
    })
});

//退出系统
router.get('/exit', function(req, res, next) {
  req.session.destroy(function(err){})
  res.redirect('/admin/login')
})

module.exports = router;
```

后台管理系统登录页面使用的是 EJS 模板引擎，创建 views\admin\login.ejs 文件，示例代码如下。

```
<!DOCTYPE html>
<html lang = "en">
    <head>
        <meta charset = "utf-8">
        <title>优秀人物投票评选管理系统 - 登录</title>
        <link rel = "stylesheet" type = "text/css" href = "/css/style.css" />
        <style>
            .sys-title{
                color: #fff;
                font-size: 25px;
                font-weight: bold;
                text-align: center;
                line-height: 80px;
            }
        </style>
    </head>
    <body>
        <div class = "main">
            <div class = "mainin">
```

```html
            < div class = "sys - title">
                优秀人物投票评选管理系统
            </div >
            < form action = "/admin/user/login" method = "POST" class = "mainin1">
                < ul >
                    < li >
                        < input name = " username" value = " admin" type = " text"
autocomplete = "off" placeholder = "用户名" class = "SearchKeyword"></li >
                    < li >
                        < input name = " password" value = " admin" type = " password"
autocomplete = "off" placeholder = "密码" class = "SearchKeyword2"></li >
                    < li >
                        < button class = "tijiao">登录</button >
                    </li >
                    < li style = "color: red;">
                        < % = msg %>
                    </li >
                </ul >
            </form >
        </div >
    </div >
    < img src = "/images/loading. gif" id = " loading" style = " display: none; position:
absolute;" />
    < div id = "POPLoading" class = "cssPOPLoading">
        < div style = " height:110px; border - bottom:1px solid #9a9a9a">
            < div class = "showMessge"></div >
        </div >
        < div style = " line - height:40px; font - size:14px; letter - spacing:1px;">
            < a onclick = "puc()">确定</a >
        </div >
    </div >
    </div >
    </body >
</html >
```

系统登录成功后,进入后台首页,管理系统后台首页的视图代码编写到 views\admin\main. ejs 文件中,示例代码如下。

```html
<! DOCTYPE html >
< html >
< head >
  < meta charset = "utf - 8">
  < meta name = "viewport" content = "width = device - width, initial - scale = 1, maximum - scale
= 1">
  < title >优秀人物投票评选管理系统</title >
  < link rel = "stylesheet" href = "/layui/css/layui.css">
  < style >
    . main - body{
        position: absolute;
        width: 97 % ;
```

```
          height: 95%;
          border: 0;
        }
    </style>
  </head>
  <body class = "layui - layout - body">
  <div class = "layui - layout layui - layout - admin">
    <div class = "layui - header">
      <div class = "layui - logo" style = "color: #fff;font - weight: bold;">
          优秀人物投票评选管理系统
      </div>
      <ul class = "layui - nav layui - layout - right">
        <li class = "layui - nav - item">
          <span style = "cursor: pointer;">
            <% = username %>
          </span>
        </li>
        <li class = "layui - nav - item"><a href = "/admin/user/exit">退出系统</a></li>
      </ul>
    </div>

    <div class = "layui - side layui - bg - black">
      <div class = "layui - side - scroll">
      <ul class = "layui - nav layui - nav - tree" lay - filter = "test">
        <li class = "layui - nav - item"><a href = "/page/admin/count" target = "main">投票统
计</a></li>
        <li class = "layui - nav - item"><a href = "/page/admin/flowpath" target = "main">投票
环节管理</a></li>
        <li class = "layui - nav - item layui - nav - itemed">
          <a class = "" href = "javascript:;">候选对象管理</a>
          <dl class = "layui - nav - child">
            <dd><a href = "/page/admin/person/add" target = "main">添加候选对象</a></dd>
            <dd><a href = "/page/admin/person/list" target = "main">所有候选对象</a></dd>
          </dl>
        </li>
        <li class = "layui - nav - item layui - nav - itemed">
          <a href = "javascript:;">投票主题管理</a>
          <dl class = "layui - nav - child">
            <dd><a href = "/page/admin/vote/add" target = "main">添加新主题</a></dd>
            <dd><a href = "/page/admin/vote/list" target = "main">所有主题</a></dd>
          </dl>
        </li>
        <li class = "layui - nav - item layui - nav - itemed">
          <a href = "javascript:;">用户管理</a>
          <dl class = "layui - nav - child">
            <dd><a href = "/page/admin/user/add" target = "main">添加用户</a></dd>
            <dd><a href = "/page/admin/user/list" target = "main">所有用户</a></dd>
          </dl>
        </li>
```

```
            </ul>
        </div>
    </div>

    <div class = "layui - body">
        <!-- 内容主体区域 -->
        <div style = "padding: 15px;">
            <iframe src = "/page/admin/count" name = "main" class = "main - body"></iframe>
        </div>
    </div>

</div>
<script src = "/layui/layui.js"></script>
<script>
layui.use('element', function(){
  var element = layui.element;
});
</script>
</body>
</html>
```

14.4.2　系统用户管理

在系统用户管理模块下,可以实现添加新的系统用户,效果如图 14.5 所示。

图 14.5　添加新用户

添加系统用户的业务逻辑代码编写到 routes\admin\user.js 文件中,示例代码如下。

```
var express = require('express');
var router = express.Router();
var model = require('../../model');
var ctl = require('../../controller');
```

```
/**
 * 用户管理
 */

//查询所有用户
router.post('/findall', function(req, res, next) {
  let {page, pageSize} = req.body
  ctl.findAll(model.User,page,pageSize,null,null,res)
})

//添加用户
router.post('/add', function(req, res, next) {
  let {username, password} = req.body
  ctl.add(model.User,{username,password},res)
})

//删除用户
router.post('/del', function(req, res, next) {
  let {id} = req.body
  ctl.del(model.User,{_id: id},res)
})

//修改用户
router.post('/update', function(req, res, next) {
  let {id,username,password} = req.body
  ctl.update(model.User,{_id:id},{username,password},res)
})

module.exports = router;
```

视图文件编写到 views\admin\user_add.ejs 文件中,示例代码如下。

```
<!DOCTYPE html>
<html lang = "en">

<head>
  <meta charset = "UTF - 8">
  <meta http - equiv = "X - UA - Compatible" content = "IE = edge">
  <meta name = "viewport" content = "width = device - width, initial - scale = 1.0">
  <title>添加用户</title>
  <link rel = "stylesheet" href = "/layui/css/layui.css">
  <style>
    [v - cloak]{
        display: none;
    }
</style>
</head>

<body>
```

```html
<fieldset class="layui-elem-field layui-field-title" style="margin-top: 30px;">
  <legend>添加用户</legend>
</fieldset>
<div id="app" v-cloak>
  <div class="layui-form-item">
    <label class="layui-form-label">用户名</label>
    <div class="layui-input-inline">
      <input type="text" v-model.trim="username" autocomplete="off" placeholder="请输入用户名" class="layui-input">
    </div>
  </div>
  <div class="layui-form-item">
    <label class="layui-form-label">密码</label>
    <div class="layui-input-inline">
      <input type="password" v-model.trim="password" placeholder="请输入密码" autocomplete="off" class="layui-input">
    </div>
  </div>
  <div class="layui-form-item">
    <div class="layui-input-block">
      <button class="layui-btn" @click="submit">立即提交</button>
    </div>
  </div>
</div>


<script src="/js/jquery.js"></script>
<script src="/js/vue.js"></script>
<script src="/layer/layer.js"></script>
<script src="/layui/layui.js"></script>
<script>
  new Vue({
    el: '#app',
    data: {
      username: '',
      password: ''
    },
    methods: {
      submit() {
        if (this.username === '') {
          layer.msg('用户名不能为空', function () { });
          return
        }
        if (this.password === '') {
          layer.msg('密码不能为空', function () { });
          return
        }

        var _this = this
        $.post('/admin/user/add', {
```

```
                username: this.username,
                password: this.password
            }, function (res) {
                if (res.code === 200) {
                    layer.msg('添加成功', { icon: 1 });
                    _this.username = ''
                    _this.password = ''
                } else {
                    layer.msg('添加失败', { icon: 2 });
                }
            })
        }
    }
  })

  </script>
</body>

</html>
```

系统用户管理还包括系统用户查询、修改、删除操作,效果如图 14.6 所示。

图 14.6　管理系统用户

查询用户、删除用户、修改用户的业务逻辑代码也被统一编写到 routes\admin\user.js 文件中。查询用户和删除用户的视图文件编写到 views\admin\user_list.ejs 文件中,示例代码如下。

项目实战:Express 开发投票管理系统

```html
<!DOCTYPE html>
<html lang="en">

<head>
    <meta charset="UTF-8">
    <meta http-equiv="X-UA-Compatible" content="IE=edge">
    <meta name="viewport" content="width=device-width, initial-scale=1.0">
    <title>所有用户</title>
    <link rel="stylesheet" href="/layui/css/layui.css">
    <style>
        [v-cloak]{
            display: none;
        }
</style>
</head>

<body>
    <fieldset class="layui-elem-field layui-field-title" style="margin-top: 30px;">
        <legend>所有用户</legend>
</fieldset>
    <div id="app" v-cloak>

        <table class="layui-table">
            <thead>
                <tr>
                    <th>用户名</th>
                    <th>操作</th>
                </tr>
            </thead>
            <tbody>
                <tr v-for="item in list" :key="item._id">
                    <td>{{item.username}}</td>
                    <td>
                        <button class="layui-btn layui-btn-normal layui-btn-xs" @click="update
(item)">修改</button>
                        <button class="layui-btn layui-btn-danger layui-btn-xs" @click="del
(item.username,item._id)">删除</button>
                    </td>
                </tr>
            </tbody>
        </table>
        <div id="page"></div>
    </div>


    <script src="/js/jquery.js"></script>
    <script src="/js/vue.js"></script>
    <script src="/layer/layer.js"></script>
    <script src="/layui/layui.js"></script>
    <script>
```

```
var vm = new Vue({
  el: "#app",
  data: {
    count: 0,
    pageSize: 10,
    page: 1,
    totalPage: 0,
    list: [],
    laypage: {}
  },
  created() {
    this.getData()
  },
  mounted() {
    var _this = this
      layui.use(['laypage'], function () {
        laypage = layui.laypage
        laypage.render({
          elem: 'page',
          count: _this.count, //数据总数
          limit: _this.pageSize, //每页条数
          curr: _this.page, //当前页码
          jump: function (obj, first) {
            if (!first) {
              _this.page = obj.curr
              _this.getData()
            }
          }
        });
      })
  },
  methods: {
    getData() {
      var _this = this
      $.post('/admin/user/findall', {
        page: this.page,
        pageSize: this.pageSize
      }, function (res) {
        _this.list = res.data
        _this.page = res.page
        _this.pageSize = res.pageSize
        _this.count = res.count
        _this.totalPage = Math.ceil(_this.count / _this.pageSize)
      })
    },
    del(name, id) {
      var _this = this
      layer.confirm('确定要删除${name}吗?', {
        btn: ['删除', '取消']
      }, function () {
```

```
              $ .post('/admin/user/del', {
                id: id
              }, function (res) {
                if (res.code === 200) {
                  _this.getData()
                  layer.msg('删除成功');
                } else {
                  layer.msg('删除失败', { icon: 2 });
                }
              })
            });
          },
          update(user){
            sessionStorage.user = JSON.stringify(user)
            location.href = '/page/admin/user/update'
          }
        }
      })



  </script>
</body>

</html>
```

修改用户的视图文件编写到 views\admin\user_update.ejs 文件中，示例代码如下。

```
<!DOCTYPE html>
<html lang = "en">

<head>
    <meta charset = "UTF-8">
    <meta http-equiv = "X-UA-Compatible" content = "IE = edge">
    <meta name = "viewport" content = "width = device-width, initial-scale = 1.0">
    <title>修改用户</title>
    <link rel = "stylesheet" href = "/layui/css/layui.css">
    <style>
        [v-cloak]{
            display: none;
        }
    </style>
</head>

<body>
    <fieldset class = "layui-elem-field layui-field-title" style = "margin-top: 30px;">
        <legend>修改用户</legend>
    </fieldset>
    <div id = "app" v-cloak>
        <div class = "layui-form-item">
```

```html
            <label class="layui-form-label">用户名</label>
            <div class="layui-input-inline">
                <input type="text" v-model="username" autocomplete="off" placeholder="请
输入用户名" class="layui-input">
            </div>
        </div>
        <div class="layui-form-item">
            <label class="layui-form-label">密码</label>
            <div class="layui-input-inline">
                <input type="password" v-model="password" placeholder="请输入密码"
autocomplete="off" class="layui-input">
            </div>
        </div>
        <div class="layui-form-item">
            <div class="layui-input-block">
                <button class="layui-btn" @click="submit">立即修改</button>
            </div>
        </div>
    </div>
</div>


<script src="/js/jquery.js"></script>
<script src="/js/vue.js"></script>
<script src="/layer/layer.js"></script>
<script src="/layui/layui.js"></script>
<script>
    new Vue({
        el: '#app',
        data: {
            id: '',
            username: '',
            password: ''
        },
        created() {
            let user = sessionStorage.user
            if (user) {
                let userObj = JSON.parse(user)
                this.username = userObj.username
                this.password = userObj.password
                this.id = userObj._id
            } else {
                location.href = '/page/admin/user/list'
            }
        },
        methods: {
            submit() {
                if (this.username === '') {
                    layer.msg('用户名不能为空', function () { });
                    return
                }
```

```
                        if (this.password === '') {
                            layer.msg('密码不能为空', function () { });
                            return
                        }

                        var _this = this
                        $.post('/admin/user/update', {
                            id: this.id,
                            username: this.username,
                            password: this.password
                        }, function (res) {
                            if (res.code === 200) {
                                layer.msg('修改成功', { icon: 1 });
                            } else {
                                layer.msg('修改失败', { icon: 2 });
                            }
                        })
                    }
                }
            })

    </script>
</body>

</html>
```

14.4.3 候选对象管理

在候选对象管理模块下,可以实现添加候选对象,效果如图 14.7 所示。

图 14.7 添加候选对象

候选对象管理模块的业务逻辑代码统一编写到 routes\admin\person.js 文件中,示例代码如下。

```javascript
var express = require('express');
var router = express.Router();
var ctl = require('../../controller');
var model = require('../../model');


/**
 * 候选对象
 */

//添加候选对象
router.post('/add', function(req, res, next) {
  let person = req.body
  ctl.add(model.Person, person, res)
});

//查询所有候选对象
router.post('/findall', function(req, res, next) {
  let {page, pageSize} = req.body
  ctl.findAll(model.Person, page, pageSize, null, null, res)
})

//查询所有候选对象(不分页)
router.post('/queryall', function(req, res, next) {
  ctl.find(model.Person, {}, res)
})

//删除候选对象
router.post('/del', function(req, res, next) {
  let {id} = req.body
  ctl.del(model.Person, {_id: id}, res)
})

//修改候选对象
router.post('/update', function(req, res, next) {
  let {id, name, photo, desc} = req.body
  ctl.update(model.Person, {_id: id}, {name, photo, desc}, res)
})

module.exports = router;
```

添加候选对象的视图文件编写到 views\admin\person_add.ejs 文件中,示例代码如下。

```html
<!DOCTYPE html>
<html lang = "en">
<head>
```

```html
    <meta charset="UTF-8">
    <meta http-equiv="X-UA-Compatible" content="IE=edge">
    <meta name="viewport" content="width=device-width, initial-scale=1.0">
    <title>添加候选对象</title>
    <link rel="stylesheet" href="/layui/css/layui.css">
    <style>
        .upload-img{
            width: 150px;
            height: 150px;
            border: 1px solid #ccc;
        }
        [v-cloak]{
            display: none;
        }
    </style>
</head>
<body>
    <fieldset class="layui-elem-field layui-field-title" style="margin-top: 30px;">
        <legend>添加候选对象</legend>
    </fieldset>
    <div id="app" v-cloak>
        <div class="layui-form-item">
            <label class="layui-form-label">姓名</label>
            <div class="layui-input-inline">
                <input type="text" v-model.trim="name" autocomplete="off" placeholder="请
输入用户名" class="layui-input">
            </div>
        </div>
        <div class="layui-form-item">
            <label class="layui-form-label">照片</label>
            <div class="layui-input-inline layui-upload">
                <button type="button" class="layui-btn" id="test1">上传图片</button>
                <div class="layui-upload-list">
                    <img v-show="imgurl != ''" class="upload-img" :src="imgurl">
                </div>
            </div>
        </div>
        <div class="layui-form-item">
            <label class="layui-form-label">个人介绍</label>
            <div class="layui-input-block">
                <textarea v-model.trim="desc" placeholder="请输入内容" class="layui-
textarea"></textarea>
            </div>
        </div>
        <div class="layui-form-item">
            <div class="layui-input-block">
                <button class="layui-btn" @click="submit">立即提交</button>
            </div>
        </div>
    </div>
```

```
<script src = "/js/jquery.js"></script>
<script src = "/js/vue.js"></script>
<script src = "/layer/layer.js"></script>
<script src = "/layui/layui.js"></script>
<script>
    new Vue({
        el: '#app',
        data: {
            name: '',
            imgurl: '',
            desc: ''
        },
        mounted(){
            var _this = this
            layui.use('upload', function(){
                var upload = layui.upload;

                //执行实例
                var uploadInst = upload.render({
                    elem: '#test1'          //绑定元素
                    ,url: '/upload/file'    //上传接口
                    ,done: function(res){
                        //上传完毕回调
                        _this.imgurl = res.imgurl
                    }
                    ,error: function(){
                        //请求异常回调
                        layer.msg('照片上传失败',function(){})
                    }
                });
            });
        },
        methods: {
            submit() {
                if(this.name === ''){
                    layer.msg('姓名不能为空',function(){})
                    return
                }
                if(this.imgurl === ''){
                    layer.msg('照片不能为空',function(){})
                    return
                }
                if(this.desc === ''){
                    layer.msg('个人介绍不能为空',function(){})
                    return
                }

                var _this = this
                $.post('/admin/person/add',{
                    name: this.name,
```

163

第

14

章

```
                        photo: this.imgurl,
                        desc: this.desc
                },function(res){
                        if (res.code === 200) {
                            layer.msg('添加成功', { icon: 1 });
                            _this.name = ''
                            _this.imgurl = ''
                            _this.desc = ''
                        } else {
                            layer.msg('添加失败', { icon: 2 });
                        }
                })
            }
        }
    })
    </script>
</body>
</html>
```

候选对象管理模块还包括查询候选对象、修改候选对象、删除候选对象的操作,效果如图 14.8 所示。

图 14.8　候选对象管理

查询和删除候选对象的视图文件编写到 views\admin\person_list.ejs 文件中,示例代码如下。

```
<!DOCTYPE html>
<html lang = "en">
<head>
    <meta charset = "UTF-8">
    <meta http-equiv = "X-UA-Compatible" content = "IE=edge">
    <meta name = "viewport" content = "width=device-width, initial-scale=1.0">
```

```html
<title>所有候选对象</title>
<link rel="stylesheet" href="/layui/css/layui.css">
<style>
  [v-cloak]{
      display: none;
  }
</style>
</head>
<body>
  <fieldset class="layui-elem-field layui-field-title" style="margin-top: 30px;">
    <legend>所有候选对象</legend>
  </fieldset>
  <div id="app" v-cloak>

      <table class="layui-table">
        <thead>
          <tr>
            <th>照片</th>
            <th>姓名</th>
            <th>个人简介</th>
            <th>操作</th>
          </tr>
        </thead>
        <tbody>
          <tr v-for="item in list" :key="item._id">
            <td>
                <img :src="item.photo" width="80px" height="80px" />
            </td>
            <td>{{item.name}}</td>
            <td>{{item.desc}}</td>
            <td>
              <button class="layui-btn layui-btn-normal layui-btn-xs" @click="update(item)">修改</button>
              <button class="layui-btn layui-btn-danger layui-btn-xs" @click="del(item.name,item._id)">删除</button>
            </td>
          </tr>
        </tbody>
      </table>
      <div id="page"></div>
  </div>


  <script src="/js/jquery.js"></script>
  <script src="/js/vue.js"></script>
  <script src="/layer/layer.js"></script>
  <script src="/layui/layui.js"></script>
  <script>
    var vm = new Vue({
        el: "#app",
```

```
        data: {
          count: 0,
          pageSize: 10,
          page: 1,
          totalPage: 0,
          list: [],
          laypage: {}
        },
        created() {
          this.getData()
        },
        mounted() {
          var _this = this
            layui.use(['laypage'], function () {
              laypage = layui.laypage
              laypage.render({
                elem: 'page',
                count: _this.count,          //数据总数
                limit: _this.pageSize,       //每页条数
                curr: _this.page,            //当前页码
                jump: function (obj, first) {
                  if (!first) {
                    _this.page = obj.curr
                    _this.getData()
                  }
                }
              });
            })
        },
        methods: {
          getData() {
            var _this = this
            $.post('/admin/person/findall', {
              page: this.page,
              pageSize: this.pageSize
            }, function (res) {
              _this.list = res.data
              _this.page = res.page
              _this.pageSize = res.pageSize
              _this.count = res.count
              _this.totalPage = Math.ceil(_this.count / _this.pageSize)
            })
          },
          del(name, id) {
            var _this = this
            layer.confirm('确定要删除${name}吗?', {
              btn: ['删除', '取消']
            }, function () {
              $.post('/admin/person/del', {
                id: id
```

```
            }, function (res) {
                if (res.code === 200) {
                    _this.getData()
                    layer.msg('删除成功');
                } else {
                    layer.msg('删除失败', { icon: 2 });
                }
            })
        });
    },
    update(person){
        sessionStorage.person = JSON.stringify(person)
        location.href = '/page/admin/person/update'
    }
    }
    })


    </script>
</body>
</html>
```

修改候选对象的视图文件编写到 views\admin\person_update.ejs 文件中,示例代码如下。

```
<!DOCTYPE html>
<html lang = "en">
<head>
    <meta charset = "UTF-8">
    <meta http-equiv = "X-UA-Compatible" content = "IE = edge">
    <meta name = "viewport" content = "width = device-width, initial-scale = 1.0">
    <title>修改候选对象</title>
    <link rel = "stylesheet" href = "/layui/css/layui.css">
    <style>
        .upload-img{
            width: 150px;
            height: 150px;
            border: 1px solid #ccc;
        }
        [v-cloak]{
            display: none;
        }
    </style>
</head>
<body>
    <fieldset class = "layui-elem-field layui-field-title" style = "margin-top: 30px;">
        <legend>修改候选对象</legend>
    </fieldset>
    <div id = "app" v-cloak>
```

```
        < div class = "layui − form − item">
          < label class = "layui − form − label">姓名</label >
          < div class = "layui − input − inline">
            < input type = "text" v − model.trim = "name" autocomplete = "off" placeholder = "请
输入用户名" class = "layui − input">
          </div >
        </div >
        < div class = "layui − form − item">
          < label class = "layui − form − label">照片</label >
          < div class = "layui − input − inline layui − upload">
            < button type = "button" class = "layui − btn" id = "test1">上传图片</button >
            < div class = "layui − upload − list">
              < img v − show = "imgurl != ''" class = "upload − img" :src = "imgurl">
            </div >
          </div >
        </div >
        < div class = "layui − form − item">
          < label class = "layui − form − label">个人介绍</label >
          < div class = "layui − input − block">
            < textarea v − model.trim = "desc" placeholder = "请输入内容" class = "layui −
textarea"></textarea >
          </div >
        </div >
        < div class = "layui − form − item">
          < div class = "layui − input − block">
            < button class = "layui − btn" @click = "submit">立即修改</button >
          </div >
        </div >
      </div >
    </div >

  < script src = "/js/jquery.js"></script >
  < script src = "/js/vue.js"></script >
  < script src = "/layer/layer.js"></script >
  < script src = "/layui/layui.js"></script >
  < script >
      new Vue({
          el: '#app',
          data: {
              id: '',
              name: '',
              imgurl: '',
              desc: ''
          },
          created(){
              let person = sessionStorage.person
              if(person){
                  person = JSON.parse(person)
                  this.name = person.name
                  this.imgurl = person.photo
                  this.desc = person.desc
```

```
                this.id = person._id
            }
    },
    mounted(){
        var _this = this
        layui.use('upload', function(){
            var upload = layui.upload;

            //执行实例
            var uploadInst = upload.render({
                elem: '#test1'          //绑定元素
                ,url: '/upload/file'    //上传接口
                ,done: function(res){
                    //上传完毕回调
                    _this.imgurl = res.imgurl
                }
                ,error: function(){
                    //请求异常回调
                    layer.msg('照片上传失败',function(){})
                }
            });
        });
    },
    methods: {
        submit() {
            if(this.name === ''){
                layer.msg('姓名不能为空',function(){})
                return
            }
            if(this.imgurl === ''){
                layer.msg('照片不能为空',function(){})
                return
            }
            if(this.desc === ''){
                layer.msg('个人介绍不能为空',function(){})
                return
            }

            var _this = this
            $.post('/admin/person/update',{
                id: this.id,
                name: this.name,
                photo: this.imgurl,
                desc: this.desc
            },function(res){
                if (res.code === 200) {
                    layer.msg('修改成功', { icon: 1 });
                } else {
                    layer.msg('修改失败', { icon: 2 });
                }
```

169

第
14
章

```
                })
            }
        }
    })
</script>
</body>
</html>
```

14.4.4　投票主题管理

在投票主题管理模块下,可以实现添加新主题,效果如图 14.9 所示。

图 14.9　添加新主题

投票主题管理模块的业务逻辑代码统一编写到 routes\admin\vote.js 文件中,示例代码如下。

```
var express = require('express');
var router = express.Router();
var model = require('../../model');
var ctl = require('../../controller');

/**
 * 投票主题
 */


//添加主题
router.post('/add', function(req, res, next) {
  let vote = req.body

  let date = new Date()
```

```javascript
        let Y = date.getFullYear();
        let M = date.getMonth() + 1;
        let D = date.getDate();
        let h = date.getHours();
        let m = date.getMinutes();
        let s = date.getSeconds()
        vote.createTime = '${Y}-${M}-${D} ${h}:${m}:${s}'
        vote.persons = JSON.parse(vote.persons)
        vote.num = 0

        ctl.add(model.Vote, vote, res)
    })

    //查询所有主题
    router.post('/findall', function(req, res, next) {
        let {page, pageSize} = req.body
        ctl.findAll(model.Vote, page, pageSize, null, null, res)
    })

    //查询所有主题(不分页)
    router.post('/queryall', function(req, res, next) {
        ctl.find(model.Vote, {}, res)
    })

    //删除主题
    router.post('/del', function(req, res, next) {
        let {id} = req.body
        ctl.del(model.Vote, {_id: id}, res)
    })

    //修改主题
    router.post('/update', function(req, res, next) {
        let {id, title, desc, startDate, endDate, persons} = req.body
        let params = {
            _id: id,
            title,
            desc,
            startDate,
            endDate,
            persons: JSON.parse(persons)
        }
        ctl.update(model.Vote, {_id: id}, params, res)
    })

    module.exports = router;
```

添加候选对象的视图文件编写到 views\admin\vote_add.ejs 文件中,示例代码如下。

```html
<!DOCTYPE html>
<html lang="en">
<head>
    <meta charset="UTF-8">
    <meta http-equiv="X-UA-Compatible" content="IE=edge">
    <meta name="viewport" content="width=device-width, initial-scale=1.0">
    <title>添加新主题</title>
    <link rel="stylesheet" href="/layui/css/layui.css">
    <style>
        .person-ul{
            list-style: none;
            margin: 0;
            padding: 0;
        }
        .person-li{
            float: left;
            margin: 10px;
        }
        [v-cloak]{
            display: none;
        }
    </style>
</head>
<body>
    <fieldset class="layui-elem-field layui-field-title" style="margin-top: 30px;">
        <legend>添加新主题</legend>
    </fieldset>
    <div id="app" v-cloak>
        <div class="layui-form-item">
            <label class="layui-form-label">投票主题</label>
            <div class="layui-input-block">
                <input type="text" v-model.trim="title" autocomplete="off" placeholder=
"请输入用户名" class="layui-input">
            </div>
        </div>
        <div class="layui-form-item">
            <label class="layui-form-label">主题介绍</label>
            <div class="layui-input-block">
                <textarea v-model.trim="desc" placeholder="请输入内容" class="layui-
textarea"></textarea>
            </div>
        </div>
        <div class="layui-form-item">
            <label class="layui-form-label">候选对象</label>
            <div class="layui-input-block">
                <ul class="person-ul">
                    <li class="person-li" v-for="item in personList" :key="item._id">
                        <input type="checkbox" v-model="persons" :value="item" id=
"male" />
                        {{item.name}}
```

```html
                </li>
            </ul>
        </div>
    </div>
    <div class="layui-form-item">
        <div class="layui-inline">
            <label class="layui-form-label">开始时间</label>
            <div class="layui-input-inline">
                <input type="text" id="date" placeholder="yyyy-MM-dd" autocomplete="off" class="layui-input">
            </div>
        </div>
        <div class="layui-inline">
            <label class="layui-form-label">结束时间</label>
            <div class="layui-input-inline">
                <input type="text" id="date2" placeholder="yyyy-MM-dd" autocomplete="off" class="layui-input">
            </div>
        </div>
    </div>


    <div class="layui-form-item">
        <div class="layui-input-block">
            <button class="layui-btn" @click="submit">立即提交</button>
        </div>
    </div>
</div>

<script src="/js/jquery.js"></script>
<script src="/js/vue.js"></script>
<script src="/layer/layer.js"></script>
<script src="/layui/layui.js"></script>
<script>
    new Vue({
        el: '#app',
        data: {
            startDate: '',
            endDate: '',
            title: '',
            desc: '',
            persons: [],
            personList: []
        },
        created(){
            var _this = this
            $.post('/admin/person/queryall',function(res){
                _this.personList = res.list
            })
```

项目实战：Express 开发投票管理系统

```
        },
        mounted(){
            var _this = this
            layui.use(['form','laydate'], function(){
                var form = layui.form;
                var laydate = layui.laydate;

                //日期
                laydate.render({
                    elem: '#date',
                    type: 'datetime',
                    format: 'yyyy-MM-dd HH:mm:ss'
                });
                laydate.render({
                    elem: '#date2',
                    type: 'datetime',
                    format: 'yyyy-MM-dd HH:mm:ss'
                });
            });
        },
        methods: {
            submit() {
                let date = document.getElementById('date')
                let date2 = document.getElementById('date2')

                if(this.title === ''){
                    layer.msg('主题不能为空',function(){})
                    return
                }
                if(this.desc === ''){
                    layer.msg('主题介绍不能为空',function(){})
                    return
                }
                if(date.value.trim() === ''){
                    layer.msg('开始时间不能为空',function(){})
                    return
                }
                if(date2.value.trim() === ''){
                    layer.msg('结束时间不能为空',function(){})
                    return
                }
                if(this.persons.length <= 0){
                    layer.msg('候选对象不能为空',function(){})
                    return
                }

                var _this = this
                $.post('/admin/vote/add',{
                    title: this.title,
                    desc: this.desc,
```

```
                    startDate: date.value,
                    endDate: date2.value,
                    persons: JSON.stringify(this.persons)
                },function(res){
                    if (res.code === 200) {
                        layer.msg('添加成功', { icon: 1 });
                        _this.title = ''
                        _this.desc = ''
                        date.value = ''
                        date2.value = ''
                        _this.persons = []
                    } else {
                        layer.msg('添加失败', { icon: 2 });
                    }
                })
            }
        }
    })
    </script>
</body>
</html>
```

投票主题管理模块还包括查询候选对象、修改候选对象、删除候选对象的操作,效果如图 14.10 所示。

图 14.10　投票主题管理

查询和删除投票主题的视图文件编写到 views\admin\vote_list.ejs 文件中,示例代码如下。

```
<!DOCTYPE html>
<html lang = "en">
<head>
    <meta charset = "UTF - 8">
    <meta http - equiv = "X - UA - Compatible" content = "IE = edge">
    <meta name = "viewport" content = "width = device - width, initial - scale = 1.0">
    <title>所有主题</title>
```

```html
        <link rel = "stylesheet" href = "/layui/css/layui.css">
        <style>
            [v - cloak]{
                display: none;
            }
    </style>
</head>
<body>
    <fieldset class = "layui - elem - field layui - field - title" style = "margin - top: 30px;">
        <legend>所有投票主题</legend>
    </fieldset>
    <div id = "app" v - cloak>

        <table class = "layui - table">
            <thead>
                <tr>
                    <th>主题</th>
                    <th>介绍</th>
                    <th>创建时间</th>
                    <th>投票开始时间</th>
                    <th>投票结束时间</th>
                    <th>候选对象</th>
                    <th>操作</th>
                </tr>
            </thead>
            <tbody>
                <tr v - for = "item in list" :key = "item._id">
                    <td>{{item.title}}</td>
                    <td>{{item.desc}}</td>
                    <td>{{item.createTime}}</td>
                    <td>{{item.startDate}}</td>
                    <td>{{item.endDate}}</td>
                    <td>
                        <span class = "layui - badge layui - bg - green" v - for = "item in item.
persons" :key = "item._id" style = "margin - right: 8px;">
                            {{item.name}}
                        </span>
                    </td>
                    <td>
                        <button class = "layui - btn layui - btn - normal layui - btn - xs" @click =
"update(item)">修改</button>
                        <button class = "layui - btn layui - btn - danger layui - btn - xs" @click =
"del(item.title,item._id)">删除</button>
                    </td>
                </tr>
            </tbody>
        </table>
        <div id = "page"></div>
    </div>
```

```html
<script src = "/js/jquery.js"></script>
<script src = "/js/vue.js"></script>
<script src = "/layer/layer.js"></script>
<script src = "/layui/layui.js"></script>
<script>
  var vm = new Vue({
    el: "#app",
    data: {
      count: 0,
      pageSize: 10,
      page: 1,
      totalPage: 0,
      list: [],
      laypage: {}
    },
    created() {
      this.getData()
    },
    mounted() {
      var _this = this
        layui.use(['laypage'], function () {
          laypage = layui.laypage
          laypage.render({
            elem: 'page',
            count: _this.count,             //数据总数
            limit: _this.pageSize,          //每页条数
            curr: _this.page,               //当前页码
            jump: function (obj, first) {
              if (!first) {
                _this.page = obj.curr
                 _this.getData()
              }
            }
          });
        })
    },
    methods: {
      getData() {
        var _this = this
        $.post('/admin/vote/findall', {
          page: this.page,
          pageSize: this.pageSize
        }, function (res) {
          _this.list = res.data
          _this.page = res.page
          _this.pageSize = res.pageSize
          _this.count = res.count
          _this.totalPage = Math.ceil(_this.count / _this.pageSize)
          console.log(_this.list)
        })
```

177

第
14
章

```
        },
        del(title, id) {
            var _this = this
            layer.confirm('确定要删除${title}吗?', {
                btn: ['删除', '取消']
            }, function () {
                $.post('/admin/vote/del', {
                    id: id
                }, function (res) {
                    if (res.code === 200) {
                        _this.getData()
                        layer.msg('删除成功');
                    } else {
                        layer.msg('删除失败', { icon: 2 });
                    }
                })
            });
        },
        update(vote){
            sessionStorage.vote = JSON.stringify(vote)
            location.href = '/page/admin/vote/update'
        }
    }
})


    </script>
</body>
</html>
```

修改投票主题的视图文件编写到 views\admin\vote_update.ejs 文件中,示例代码如下。

```
<!DOCTYPE html>
<html lang="en">
<head>
    <meta charset="UTF-8">
    <meta http-equiv="X-UA-Compatible" content="IE=edge">
    <meta name="viewport" content="width=device-width, initial-scale=1.0">
    <title>修改投票主题</title>
    <link rel="stylesheet" href="/layui/css/layui.css">
    <style>
        .person-ul{
            list-style: none;
            margin: 0;
            padding: 0;
        }
        .person-li{
            float: left;
```

```
                margin: 10px;
            }
            [v-cloak]{
                display: none;
            }
        </style>
    </head>
    <body>
        <fieldset class="layui-elem-field layui-field-title" style="margin-top: 30px;">
            <legend>修改投票主题</legend>
        </fieldset>
        <div id="app" v-cloak>
            <div class="layui-form-item">
                <label class="layui-form-label">投票主题</label>
                <div class="layui-input-block">
                    <input type="text" v-model.trim="title" autocomplete="off" placeholder=
"请输入用户名" class="layui-input">
                </div>
            </div>
            <div class="layui-form-item">
                <label class="layui-form-label">主题介绍</label>
                <div class="layui-input-block">
                    <textarea v-model.trim="desc" placeholder="请输入内容" class="layui-
textarea"></textarea>
                </div>
            </div>
            <div class="layui-form-item">
                <label class="layui-form-label">候选对象</label>
                <div class="layui-input-block">
                    <ul class="person-ul">
                        <li class="person-li" v-for="item in personList" :key="item._id">
                            <input type="checkbox" v-model="persons" :value="item" id=
"male" />
                            {{item.name}}
                        </li>
                    </ul>
                </div>
            </div>
            <div class="layui-form-item">
                <div class="layui-inline">
                    <label class="layui-form-label">开始时间</label>
                    <div class="layui-input-inline">
                        <input type="text" id="date" placeholder="yyyy-MM-dd" autocomplete=
"off" class="layui-input">
                    </div>
                </div>
                <div class="layui-inline">
                    <label class="layui-form-label">结束时间</label>
                    <div class="layui-input-inline">
```

项目实战：Express 开发投票管理系统

```
                    < input type = "text" id = "date2" placeholder = "yyyy - MM - dd" autocomplete
= "off" class = "layui - input">
              </div >
          </div >
        </div >


    < div class = "layui - form - item">
      < div class = "layui - input - block">
        < button class = "layui - btn" @click = "submit">立即提交</button >
      </div >
    </div >
  </div >

< script src = "/js/jquery. js"></script >
< script src = "/js/vue. js"></script >
< script src = "/layer/layer. js"></script >
< script src = "/layui/layui. js"></script >
< script >
    new Vue({
        el: '#app',
        data: {
            id: '',
            startDate: '',
            endDate: '',
            title: '',
            desc: '',
            persons: [],
            personList: []
        },
        created(){
            var _this = this
            $ .post('/admin/person/queryall',function(res){
                _this.personList = res.list
            })

            let vote = sessionStorage.vote
            if(vote){
                vote = JSON.parse(vote)
                this.id = vote._id
                this.title = vote.title
                this.desc = vote.desc
                this.persons = vote.persons
                this.startDate = vote.startDate
                this.endDate = vote.endDate
            }
        },
        mounted(){
            var _this = this
```

```
layui.use(['form','laydate'], function(){
    var form = layui.form;
    var laydate = layui.laydate;

    //日期
    laydate.render({
        elem: '#date',
        type: 'datetime',
        format: 'yyyy-MM-dd HH:mm:ss',
        value: _this.startDate
    });
    laydate.render({
        elem: '#date2',
        type: 'datetime',
        format: 'yyyy-MM-dd HH:mm:ss',
        value: _this.endDate
    });
});
},
methods: {
    submit() {
        let date = document.getElementById('date')
        let date2 = document.getElementById('date2')

        if(this.title === ''){
            layer.msg('主题不能为空',function(){})
            return
        }
        if(this.desc === ''){
            layer.msg('主题介绍不能为空',function(){})
            return
        }
        if(date.value.trim() === ''){
            layer.msg('开始时间不能为空',function(){})
            return
        }
        if(date2.value.trim() === ''){
            layer.msg('结束时间不能为空',function(){})
            return
        }
        if(this.persons.length <= 0){
            layer.msg('候选对象不能为空',function(){})
            return
        }

        var _this = this
        $.post('/admin/vote/update',{
            id: this.id,
            title: this.title,
            desc: this.desc,
```

```
                              startDate: date.value,
                              endDate: date2.value,
                              persons: JSON.stringify(this.persons)
                        },function(res){
                              if (res.code === 200) {
                                    layer.msg('修改成功', { icon: 1 });
                              } else {
                                    layer.msg('修改失败', { icon: 2 });
                              }
                        })
                  }
            }
      })
    </script>
</body>
</html>
```

14.4.5　投票环节管理

在投票环节管理模块下,只提供了查询投票环境的功能,效果如图 14.11 所示。

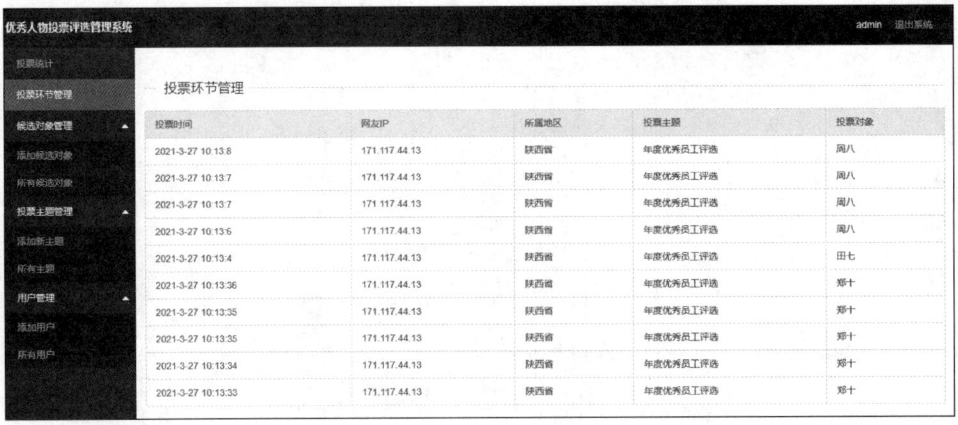

图 14.11　投票环节管理

当用户为候选人投票后,需要记录本次投票的操作,所以新增投票记录的操作是放到前台网站的功能中实现的,投票环节管理模块的业务逻辑代码统一编写到 routes\admin\flowpath.js 文件中,示例代码如下。

```
var express = require('express');
var router = express.Router();
var model = require('../../model');
var ctl = require('../../controller');

/**
 * 投票流程
 */
```

```
//网友投票
router.post('/vote', function(req, res, next) {
  let flowpath = req.body
  let date = new Date()
  let Y = date.getFullYear();
  let M = date.getMonth() + 1;
  let D = date.getDate();
  let h = date.getHours();
  let m = date.getMinutes();
  let s = date.getSeconds()
  flowpath.createTime = '${Y}-${M}-${D} ${h}:${m}:${s}'
  flowpath.vote = JSON.parse(flowpath.vote)
  flowpath.person = JSON.parse(flowpath.person)

  ctl.add(model.Flowpath, flowpath, res)

});

//查询所有候选对象
router.post('/findall', function(req, res, next) {
  let {page, pageSize} = req.body
  ctl.findAll(model.Flowpath, page, pageSize, null, {createTime: -1}, res)
})

module.exports = router;
```

查询投票环节的视图文件编写到 views\admin\flowpath.ejs 文件中,示例代码如下。

```
<!DOCTYPE html>
<html lang="en">
<head>
    <meta charset="UTF-8">
    <meta http-equiv="X-UA-Compatible" content="IE=edge">
    <meta name="viewport" content="width=device-width, initial-scale=1.0">
    <title>投票环节</title>
    <link rel="stylesheet" href="/layui/css/layui.css">
    <style>
        [v-cloak]{
            display: none;
        }
    </style>
</head>
<body>
    <fieldset class="layui-elem-field layui-field-title" style="margin-top: 30px;">
        <legend>投票环节管理</legend>
    </fieldset>
    <div id="app" v-cloak>
```

```html
<table class="layui-table">
  <thead>
    <tr>
      <th>投票时间</th>
      <th>网友 IP</th>
      <th>所属地区</th>
      <th>投票主题</th>
      <th>投票对象</th>
    </tr>
  </thead>
  <tbody>
    <tr v-for="item in list" :key="item._id">
      <td>{{item.createTime}}</td>
      <td>{{item.ip}}</td>
      <td>{{item.address}}</td>
      <td>{{item.vote.title}}</td>
      <td>{{item.person.name}}</td>
    </tr>
  </tbody>
</table>
<div id="page"></div>
</div>


<script src="/js/jquery.js"></script>
<script src="/js/vue.js"></script>
<script src="/layer/layer.js"></script>
<script src="/layui/layui.js"></script>
<script>
  var vm = new Vue({
    el: "#app",
    data: {
      count: 0,
      pageSize: 10,
      page: 1,
      list: [],
      laypage: {}
    },
    created() {
      this.getData()
    },
    mounted() {
      var _this = this
        layui.use(['laypage'], function () {
          laypage = layui.laypage
          laypage.render({
            elem: 'page',
            count: _this.count,        //数据总数
            limit: _this.pageSize,     //每页条数
            curr: _this.page,          //当前页码
```

```
                    jump: function (obj, first) {
                        if (!first) {
                            _this.page = obj.curr
                            _this.getData()
                        }
                    }
                });
            })
        },
        methods: {
            getData() {
                var _this = this
                $.post('/admin/flowpath/findall', {
                    page: this.page,
                    pageSize: this.pageSize
                }, function (res) {
                    _this.list = res.data
                    _this.page = res.page
                    _this.pageSize = res.pageSize
                    _this.count = res.count
                })
            }
        }
    })


        </script>
    </body>
</html>
```

14.4.6 投票统计管理

在投票统计模块中只能进行查询操作,数据均来自用户的投票记录,效果如图 14.12 所示。

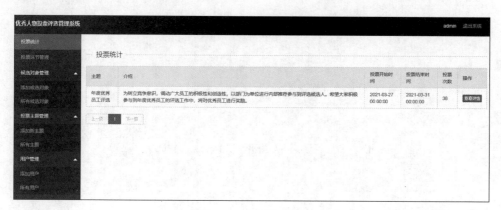

图 14.12 投票统计查询

　　在单击查看投票数据的详情时,会显示具体的投票记录和投票占比,效果如图 14.13 所示。

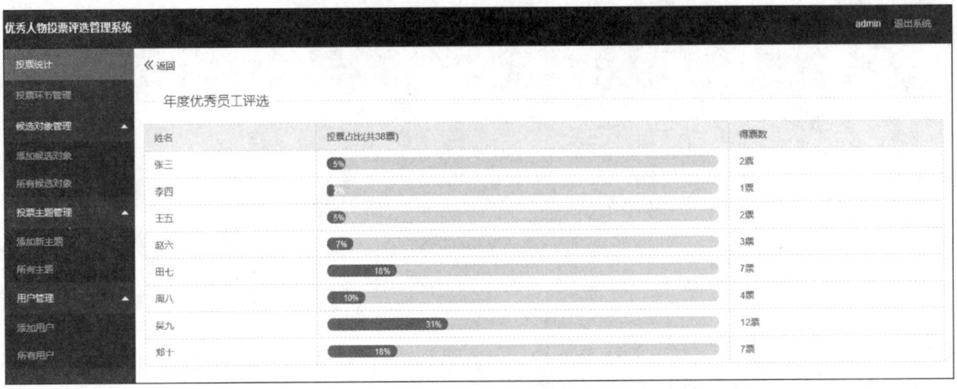

图 14.13　投票占比详情

　　投票统计查询的业务逻辑代码统一编写到 routes\admin\count. js 文件中,示例代码如下。

```
var express = require('express');
var router = express.Router();
var model = require('../../model');
var ctl = require('../../controller');

/**
 * 投票统计
 */

//查询投票数量
router.post('/num', function(req, res, next) {
  let {id} = req.body
  model.Flowpath.find({"vote._id": id}).count().then(rel =>{
    res.json({
      num: rel
    })
  })

})

//查询候选对象选票
router.post('/person',async function(req, res, next) {
  let {voteid,personid} = req.body

  let count = 0
  await model.Flowpath.find({"vote._id": voteid}).count().then(rel =>{
    count = rel
  })

  let personNum = 0
```

```
    await model.Flowpath.find({"vote._id": voteid,"person._id": personid}).count().then(rel
=>{
    personNum = rel
  })

  res.json({
    count,
    personNum
  })

})


module.exports = router;
```

投票统计的视图代码编写到 views\admin\count.ejs 文件中,示例代码如下。

```
<!DOCTYPE html>
<html lang = "en">
<head>
    <meta charset = "UTF-8">
    <meta http-equiv = "X-UA-Compatible" content = "IE = edge">
    <meta name = "viewport" content = "width = device-width, initial-scale = 1.0">
    <title>投票统计</title>
    <link rel = "stylesheet" href = "/layui/css/layui.css">
    <style>
        [v-cloak]{
            display: none;
        }
    </style>
</head>
<body>
    <fieldset class = "layui-elem-field layui-field-title" style = "margin-top: 30px;">
        <legend>投票统计</legend>
    </fieldset>
    <div id = "app" v-cloak>

        <table class = "layui-table">
          <thead>
            <tr>
              <th>主题</th>
              <th>介绍</th>
              <th>投票开始时间</th>
              <th>投票结束时间</th>
              <th>投票次数</th>
              <th>操作</th>
            </tr>
          </thead>
          <tbody>
```

```
    <tr v-for="item in list" :key="item._id">
      <td>{{item.title}}</td>
      <td>{{item.desc}}</td>
      <td>{{item.startDate}}</td>
      <td>{{item.endDate}}</td>
      <td>{{item.num}}</td>
      <td>
        <button class="layui-btn layui-btn-normal layui-btn-xs" @click="show(item)">查看详情</button>
      </td>
    </tr>
  </tbody>
</table>
<div id="page"></div>
</div>


<script src="/js/jquery.js"></script>
<script src="/js/vue.js"></script>
<script src="/layer/layer.js"></script>
<script src="/layui/layui.js"></script>
<script>
  var vm = new Vue({
    el: "#app",
    data: {
      count: 0,
      pageSize: 10,
      page: 1,
      totalPage: 0,
      list: [],
      laypage: {}
    },
    created() {
      this.getData()
    },
    mounted() {
      var _this = this
      layui.use(['laypage'], function () {
        laypage = layui.laypage
        laypage.render({
          elem: 'page',
          count: _this.count,          //数据总数
          limit: _this.pageSize,       //每页条数
          curr: _this.page,            //当前页码
          jump: function (obj, first) {
            if (!first) {
              _this.page = obj.curr
              _this.getData()
            }
          }
```

```
                    });
                })
            },
            methods: {
                getData() {
                    var _this = this
                    $.post('/admin/vote/findall', {
                        page: this.page,
                        pageSize: this.pageSize
                    }, function (res) {
                        _this.list = res.data
                        _this.page = res.page
                        _this.pageSize = res.pageSize
                        _this.count = res.count
                        _this.totalPage = Math.ceil(_this.count / _this.pageSize)

                        _this.list.map((item, index) =>{
                            _this.getNumber(item._id, index)
                        })

                    })
                },
                getNumber(id, index){
                    var _this = this
                    $.post('/admin/count/num', {
                        id
                    }, function (res) {
                        _this.list[index].num = res.num
                    })
                },
                show(vote){
                    sessionStorage.voteData = JSON.stringify(vote)
                    window.location.href = '/page/admin/count/detail'
                }
            }
        })


    </script>
</body>
</html>
```

投票统计的详情页的视图代码编写到 views\admin\count_detail.ejs 文件中,示例代码如下。

```
<!DOCTYPE html>
<html lang = "en">
<head>
    <meta charset = "UTF - 8">
```

```
        <meta http-equiv="X-UA-Compatible" content="IE=edge">
        <meta name="viewport" content="width=device-width, initial-scale=1.0">
        <title>投票统计</title>
        <link rel="stylesheet" href="/layui/css/layui.css">
        <style>
            [v-cloak]{
                display: none;
            }
        </style>
    </head>
    <body>
        <div>
            <a href="/page/admin/count">
                <i class="layui-icon layui-icon-prev"></i>
                返回
            </a>
        </div>
        <div id="app" v-cloak>
            <fieldset class="layui-elem-field layui-field-title" style="margin-top:
30px;">
                <legend>{{vote.title}}</legend>
            </fieldset>

            <table class="layui-table">
              <thead>
                <tr>
                  <th>姓名</th>
                  <th>投票占比(共{{vote.num}}票)</th>
                  <th>得票数</th>
                </tr>
              </thead>
              <tbody>
                <tr v-for="item in vote.persons" :key="item._id">
                  <td>{{item.name}}</td>
                  <td>
                    <div class="layui-progress layui-progress-big" lay-showPercent=
"yes">
                        <div class="layui-progress-bar layui-bg-green" :lay-percent=
"item.num.zb"></div>
                    </div>
                  </td>
                  <td>
                    {{item.num.personNum}}票
                  </td>
                </tr>
              </tbody>
            </table>
            <div id="page"></div>
        </div>
```

```html
<script src = "/js/jquery.js"></script>
<script src = "/js/vue.js"></script>
<script src = "/layer/layer.js"></script>
<script src = "/layui/layui.js"></script>
<script>
  layui.use('element', function(){
      var element = layui.element;
  });


  var vm = new Vue({
    el: "#app",
    data: {
      vote: {}
    },
    created() {
        let vote = sessionStorage.voteData
        if(!vote){
          window.location.href = '/page/admin/count'
        }
        this.vote = JSON.parse(vote)

        let list = this.vote.persons.map(item=>{
          let num = this.getNumber(item._id)
          num.zb = '${Math.floor(num.personNum/num.count * 100)}%'
          item.num = num
          return item
        })

        this.vote.persons = list
        console.log(this.vote.persons)
    },
    mounted(){

    },
    methods: {
      getNumber(id){
          let num = null
          $.ajax({
              async: false,
              url: '/admin/count/person',
              type: 'POST',
              data: {
                  voteid: this.vote._id,
                  personid: id
              },
              success: (res)=>{
                  num = res
              }
          })
```

第
14
章

项目实战：Express 开发投票管理系统

```
                return num
        },

        show(vote){

        }
    }
})


    </script>
</body>
</html>
```

14.5 网站前台布局

前台网站为用户提供参与投票的渠道,在前台设置的功能包括选择投票主题、展示投票时间、展示投票主题、展示候选人、查看候选人资料和为候选人投票。效果如图 14.14 所示。

图 14.14 网站首页效果

当需要查看候选人资料时,在对应的候选人下面单击"看资料"按钮,使用弹出框的形式展示候选人的资料,效果如图 14.15 所示。

当单击"投一票"按钮时,所有候选人的投票按钮都会被禁用,每个用户在每个主题下仅限一次投票机会,投票成功后弹出信息提示。效果如图 14.16 所示。

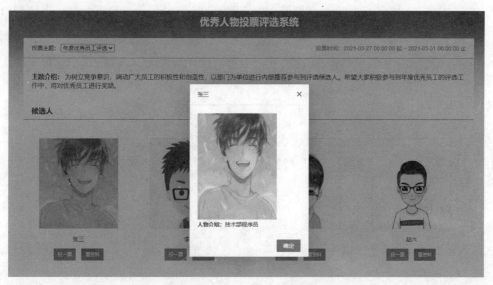

图 14.15　查看候选人资料

图 14.16　投票效果

网站前台视图文件的代码编写到 views\index.ejs 文件中,示例代码如下。

```
<!DOCTYPE html>
<html>
    <head>
        <meta charset = "utf-8" />
        <title>优秀人物投票评选系统</title>
        <link rel = "stylesheet" href = "/layui/css/layui.css">
    <link rel = "stylesheet" href = "/css/index.css">
    <style>
    [v-cloak]{
        display: none;
```

194

```
            }
    </style>
    </head>
    <body>
        <div id = "app" v - cloak>
            <div class = "header">
                <div class = "header - title">优秀人物投票评选系统</div>
                <div class = "header - nav">
                    <div class = "nav - top">
        <div>
            投票主题:
            <select @change = "changeVote">
            <option v - for = "item in votes" :key = "item._id" :value = "item._id">
                {{item.title}}
            </option>
            </select>
        </div>
        <div class = "date - text">
            投票时间:{{vote.startDate}} 起 ~ {{vote.endDate}} 止
        </div>
        </div>
        <div class = "header - desc">
            <b>主题介绍:</b>
            {{vote.desc}}
        </div>
        <div class = "header - bottom">
            <strong>候选人</strong>
        </div>
                </div>

                </div>
                <div class = "content">
                    <div class = "person - item" v - for = "item in vote.persons" :key = "item._id">
        <img :src = "item.photo" alt = "">
        <span>{{item.name}}</span>
        <div>
            <button class = " layui - btn layui - btn - sm" : class = " isVote" @ click =
"handleVote(item)">投一票</button>
            <button class = "layui - btn layui - btn - sm" @click = "showDetail(item)">看资料
</button>
        </div>
        </div>
        </div>
                    </div>
        </div>
    <script src = "/js/jquery.js"></script>
    <script src = "/js/vue.js"></script>
    <script src = "/layer/layer.js"></script>
    <script src = "/layui/layui.js"></script>
        <script src = "http://pv.sohu.com/cityjson?ie = utf - 8"></script>
```

```javascript
< script type = "text/javascript">
    new Vue({
        el: "#app",
        data: {
            ip: '',
            address: '',
    votes: [],
    vote: {},
    isVote: 'layui - btn - danger'
        },
        created() {
            this.ip = returnCitySN["cip"]
            this.address = returnCitySN["cname"]

this.getData()
        },
        methods: {
            getData(){
    var _this = this
    $.post('/admin/vote/queryall',function(res){
      _this.votes = res.list
      _this.vote = _this.votes[0]
    })
},
changeVote(e){
  let id = e.target.value
  this.votes.map(item = >{
    if(item._id === id){
      this.vote = item
      return
    }
  })
},
handleVote(person){
  if(this.isVote === 'layui - btn - disabled'){
    return
  }
  var _this = this
  $.post('/admin/flowpath/vote',{
    ip: this.ip,
    address: this.address,
    vote: JSON.stringify(this.vote),
    person: JSON.stringify(person)
  },function(res){
    if(res.code){
      layer.msg('投票成功')
      _this.isVote = 'layui - btn - disabled'
    }
  })
},
```

```
        showDetail(person){
          layer.open({
            title: person.name
            , content: '< img src = " $ {person.photo}" width = "200px" height = "260px" />
< div >< b >人物介绍:</b> $ {person.desc}</div >'
          });
        }
            }
        })
      </script >
    </body >
</html >
```

网站首页的样式文件编写到 public\css\index.css 文件,示例代码如下。

```
html,
body {
    margin: 0;
    padding: 0;
}


. header {
    width: 100 % ;
    height: 260px;
    background - image: linear - gradient( # B60F06, # FEDB59, # fff);
}


. header - title {
    font - size: 25px;
    color: # fff;
    font - weight: bold;
    text - align: center;
    line - height: 60px;
}


. header - nav {
    height: 200px;
    width: 80 % ;
    margin: 10px auto;
    background - color: # fff;
    display: flex;
    flex - direction: column;
    justify - content: space - between;
}


. nav - top {
    height: 50px;
    display: flex;
    align - items: center;
```

```css
    justify - content: space - between;
    box - sizing: border - box;
    padding: 0px 20px;
    border - bottom: 1px solid red;
}

.date - text {
    color: red;
}

.header - desc {
    font - size: 16px;
    box - sizing: border - box;
    padding: 10px 20px;
}

.header - bottom {
    font - size: 18px;
    box - sizing: border - box;
    padding: 0px 20px;
    border - bottom: 1px solid red;
    line - height: 40px;
}

.content {
    width: 80%;
    padding: 20px 0px;
    margin: 15px auto;
    display: flex;
    flex - wrap: wrap;
}

.person - item {
    width: 240px;
    height: 300px;
    margin: 20px 20px;
    display: flex;
    flex - direction: column;
    align - items: center;
    justify - content: space - between;
}

.person - item img {
    width: 200px;
    height: 220px;
    border: 1px solid #eee;
}
```

图书资源支持

感谢您一直以来对清华版图书的支持和爱护。为了配合本书的使用，本书提供配套的资源，有需求的读者请扫描下方的"书圈"微信公众号二维码，在图书专区下载，也可以拨打电话或发送电子邮件咨询。

如果您在使用本书的过程中遇到了什么问题，或者有相关图书出版计划，也请您发邮件告诉我们，以便我们更好地为您服务。

我们的联系方式：

地　　址：北京市海淀区双清路学研大厦 A 座 714

邮　　编：100084

电　　话：010-83470236　　010-83470237

客服邮箱：2301891038@qq.com

QQ：2301891038（请写明您的单位和姓名）

资源下载：关注公众号"书圈"下载配套资源。

资源下载、样书申请

书　圈

获取最新书目

观看课程直播